版式设计是将有限的视觉元素在版面上进行有机的排列组合，按照一定的视觉表达内容和审美规律，结合各种平面设计的具体特点，体现个人风格和艺术特色，个性化地表现理性思维的视觉传达方式。它不仅满足了现代多元化社会对于信息的传播，也为其载体的艺术形式进行了美学加工。随着印刷术和照相排版机的产生与广泛应用，版式设计成为具有丰富创造力的领域，肩负着双重使命：一是作为信息发布的重要媒体，同时它又要让读者通过版面的阅读产生美的遐想与共鸣，让设计师们的观点与涵养能进入读者的心灵。版式设计已经不局限于书籍、刊物，也不再是单纯的技术编排，版式设计是技术与艺术的高度统一体。社会的不断进步、生活节奏的加快，要求设计师们更新观念，重视版面设计，吸收国外现代理念，改变我们以往的设计思路，把美的感受和设计传播给观众，广泛调动观众的激情与感受，使读者在接受版面信息的同时，获得趣味，并产生艺术的美感。

版式编排设计

樊海燕　王园园　郑　凡　编著

U0280884

西 北 大 学 出 版 社

版式设计概述 版式设计的概念 版式设计的历史 版式设计课程的设置 版式设计的基本要素 视觉要素 色彩的对比与协调 色彩情感肌理 文字肌理 图形肌理 材质肌理 点线面形态构成要素

前 言

版式编排设计是从视觉传达设计出发，将视觉三大要素，即文字、图形和色彩在版面上进行理性的排列组合，是个性化表现主题思想的视觉传达方式，力求版面的和谐美和完整性。

版式编排设计的应用范围十分广泛，包括书籍、杂志、报纸、包装、产品样本、广告版面、展示版面、网页等。版式编排设计的作用不仅可以美化版面、提高读者阅读兴趣，而且能够体现作者思想、反映品牌特征、展现媒体风格等。它是视觉传达设计专业和相关艺术设计专业必须学习的一门专业基础课程。

本教材是通过多年的教学经验总结，得出的有效教学方法。通过理论讲述、理论结合作品的举例分析、实训作业以及新锐设计师、名家作品欣赏，形成引导性的有效教学模式。

教材的重点是针对教材中"版式编排设计的基本要素""版式编排设计中的文字""版式编排设计中的图""版式编排设计中的图文编排"的每一章，都加入了实训作业和作业举例分析点评，这给教师的实践指导提供了完整的教学作业计划；对学生完成作业提供了清晰的实践方法；对学生作业质量的评价提供了参考价值，具有较好的可操作性。学生通过循序渐进的实训作业，逐步完成版式设计的每一章课题，培养了学生的创新思维和综合设计能力，使其养成版式设计的良好习惯，可以更快地提高设计水平。

版式设计教学与实训方法的构建：

1. 构建课程学习结构：每章前——学习目标；章节中——理论和案例的分析；章节后——实训作业（课题、目的、内容、要求、提示、作业讲评等）。每一个理论环节的图片，均有对应的分析，摒弃了以往同类书籍笼统的阐述，将理念与方法应用到具体版式设计的各个环节。

2. 学生作业讲评：针对学生作业中经常出现的优点和缺点，加以点评。例如从设计要求、重点提示、作业讲评、优秀作品收集等多个环节提供了完整流程的范例。部分案例提供修改意见后的改良稿或设计小提示。

3. 新锐设计师作品欣赏：甄选走出校园不久，但在设计前沿取得一定成绩的新锐设计师作品，阐述设计主题与方法，提供大学生走出校园后版式设计方面的实践成果。

4. 名家作品欣赏：欣赏国内著名设计大师的作品，让学生感悟前沿的设计和中国文化的魅力。著名设计师韩家英、夏一波提供版式设计类的经典设计方案，对广大学生领略、学习国内高水平设计有着指导作用。

本教材的编写分工为：樊海燕主编，负责拟定章节纲要并编写第四章、第五章；王园园编写第一章、第二章；郑凡编写第三章、第六章。

本教材适用于"视觉传达专业""广告设计专业""书籍设计专业""网页设计专业""展示设计专业"和"会展设计专业"等，同时也适用于社会同行自修。

樊海燕
2013年3月于西安

目录 CONTENTS

关于版式编排设计课程 ———————— P01

第一章　版式编排设计概述 P02-P08

第一节　版式编排设计的概念 ———————— P03
第二节　版式编排设计的历史 ———————— P07

第二章　版式编排设计的基本要素 P09-P39

第一节　视觉要素 ———————— P10
　　　　一、文字 ———————— P10
　　　　二、图 ———————— P11
　　　　三、色彩 ———————— P11
　　　　四、点线面 ———————— P16
　　　　五、形态 ———————— P20
　　　　六、肌理 ———————— P22
第二节　构成要素 ———————— P25
　　　　一、构成的形式美 ———————— P25
　　　　二、构成的空间感 ———————— P30

第三章　版式编排设计中的文字 P40-P57

第一节　文字的基本要素 ———————— P41
　　　　一、文字的分类与特征 ———————— P41
　　　　二、字号、字距、行距 ———————— P43
　　　　三、文字的对齐 ———————— P44
第二节　文字的运用原则 ———————— P47
　　　　一、易读性 ———————— P47
　　　　二、统一性 ———————— P47
　　　　三、艺术性 ———————— P47
第三节　文字的处理 ———————— P48
　　　　一、文字的强调 ———————— P48
　　　　二、文字的装饰 ———————— P49
　　　　三、文字的组合 ———————— P51
第四节　文字的编排流程 ———————— P52
　　　　一、理解文字内容 ———————— P52
　　　　二、内容分类 ———————— P52
　　　　三、文字粗排 ———————— P52
　　　　四、精确细排 ———————— P52
　　　　五、校对 ———————— P52
第五节　文字的编排要点 ———————— P53
　　　　一、把握文字的字体、字号等特点 ———————— P53
　　　　二、把握文字段落形成的特点 ———————— P53
　　　　三、把握文字块面的随机边缘 ———————— P53
　　　　四、把握文字自身的排版特点 ———————— P53

第四章　版式编排设计中的图 P58-P75

第一节　图的基本要素 ———————— P59
　　　　一、图形 ———————— P59
　　　　二、图像 ———————— P60
第二节　图的运用原则 ———————— P61
　　　　一、适用性 ———————— P61
　　　　二、统一性 ———————— P61
　　　　三、艺术性 ———————— P61
第三节　图的处理方法 ———————— P62
　　　　一、图的位置 ———————— P62
　　　　二、图的面积 ———————— P62
　　　　三、图的数量 ———————— P62
　　　　四、图的裁切 ———————— P63
　　　　五、图的形式 ———————— P65
　　　　六、图的形态 ———————— P68
　　　　七、图的组合 ———————— P72
　　　　八、图的方向 ———————— P73

第五章　版式编排设计中的图文编排 P76-P113

第一节　版式编排设计的类型 ———————— P77
　　　　一、网格设计 ———————— P77
　　　　二、自由式设计 ———————— P86
第二节　图文编排的视觉流程 ———————— P92
　　　　一、视觉流程的方式 ———————— P92
　　　　二、视觉流程的原则 ———————— P94
第三节　图文编排的创意 ———————— P95
　　　　一、创意原则 ———————— P95
　　　　二、创意方法 ———————— P95

第六章　版式编排设计欣赏 P114-P144

第一节　新锐设计师作品 ———————— P115
第二节　著名设计师作品 ———————— P127
主要参考文献/图片来源 ———————— P145
后记 ———————— P146

关于版式编排设计课程

一、目的

版式编排设计是视觉传达专业的学生必须具有的艺术修养与技术知识，要求学生了解版式编排设计发展的现状和未来及版式编排设计的表现形式，掌握版式编排设计的基本方法和设计程序，以提高灵活运用各种表现手法设计版式的能力，从而创造出富有个性的版式编排设计作品。

版式编排设计课程是一门专业性较强的必修课，也是一门专业基础课。版式编排设计的好坏直接影响视觉传达设计的质量，所以提高对版式设计的修养及对版面各种形式语言的探索研究，将有助于更好地掌握设计语言及设计素质的协调发展，有利于学生创新能力的培养。同时，为今后的专业课程设计，如书籍装帧、招贴设计、宣传样本设计、包装设计、网页设计以及企业形象设计等打好基础。

任何一个平面空间的设计都涉及如何将各种视觉要素有序地加以组合，并最大限度地发挥这些要素的表现力的问题。在现实生活中，版式设计的应用非常广泛，无论是一个便笺、一张名片、一张简单的POP广告（卖点广告），还是一份报纸、一幅招贴，或者是充斥在我们身边的产品包装和网络页面，都离不开版式的设计与编排。早在原始社会，人类在岩壁上涂上各种图画和象形文字，就已经有了如何将它们组织和编排的思考。

恰当而有艺术感染力的版式编排设计，可以使设计作品更能吸引观众、打动观众，可以使作品要表达的内容更清晰更有条理地传达给读者。版式编排设计不仅能够体现载体的内容、性质，还能表现无论企业、产品，还是商业、媒体的风格，并且用吸引眼球的方式获取读者的好感，传达必要的信息，并且上升为具有实用性和艺术性的产品。因此，版式编排设计要面对市场，不能仅从设计师个人风格着手，课程研究最终要把握市场与设计的内在联系，找到支点，应根据不同的消费者，做不同的风格及内容设计，要张扬个性，同时与目标消费群体的好恶保持高度统一。

二、内容与安排

课程通过对"版式编排设计概述""版式编排设计的基本要素""版式编排设计中的文字""版式编排设计中的图""版式编排设计中的图文编排""版式编排设计欣赏"的理论阐述，加强每章节后实训方法的构建，切入版式编排设计与研究。案例教学的形式具有较好的可操作性，学生通过循序渐进的设计训练方法，以课题的形式进行版式编排设计，培养学生的创新思维和综合设计能力，养成版式编排设计的良好习惯。

课程安排推崇理论与实训紧密结合，通过安排大量递进关系的训练方法，形成引导性的教学模式。同时结合社会商业设计普遍应用的项目，强调课程的实践意义。

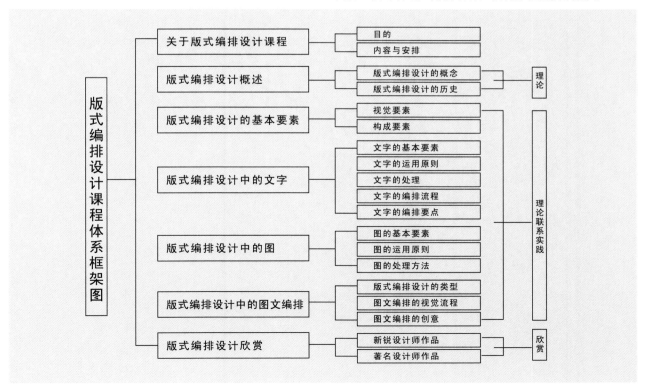

第一章 版式编排设计概述

CHAPTER 1

深圳夏一波广告设计有限公司广告设计

学习目标

版式编排设计是将文字、图和色彩通过创意设计和整体布局，充分强调主题，体现设计风格的同时使版面更加完整、和谐。版式编排设计的目的是通过特定的富有鲜明个性的版面造型来激活受众的阅读欲望。清新明快的版面让受众产生良好的感受，杂乱无序的版面会使人厌烦，不利于信息的传达。通过本章的学习，让学生们能够理解什么是版式编排设计，版式编排设计的应用范围和作用，版式编排设计的历史和设计风格的演变，从而激发和推动版式设计艺术的发展。

通过实训让学生感受版式编排设计的魅力，增加对本课程的兴趣，调动学生的学习积极性。

版式编排设计的概念
版式编排设计的历史

第一节　版式编排设计的概念

版式编排设计是将有限的视觉元素在版面上进行有机的排列组合，按照一定的视觉表达内容的需要和审美的规律，结合各种平面设计的具体特点，体现个人风格和艺术特色，个性化地表现理性思维的视觉传达方式。它不仅满足了现代多元化社会对于信息的传播，也为其载体的艺术形式进行了美学加工。

随着印刷术和照相排版机的产生与广泛应用，版式编排设计成为具有丰富创造力的领域，肩负着双重使命：一是作为信息发布的重要媒体，同时它又要让读者通过版面的阅读产生美的遐想与共鸣，让设计师的观点与涵养能够进入读者的心灵。

版式编排设计已经不局限于书籍、刊物之中，也不再是单纯的技术编排，版式编排设计是技术与艺术的高度统一体。社会的不断进步、生活节奏的加快，要求设计师们要更新观念，重视版式设计，吸收现代思潮，改变我们以往的设计思路，把美的感觉和设计观念传播给读者，广泛调动读者的激情与感受，使读者在接受版面信息的同时，获得趣味，并受到艺术的感染。

以下是不同类别的版式设计：

书籍版式编排设计（如图1-1-1，图1-1-2），报纸版式编排设计（如图1-1-3，图1-1-4，图1-1-5，图1-1-6），包装版式编排设计（如图1-1-7，图1-1-8，图1-1-9），广告版式编排设计（如图1-1-10，图1-1-11），产品样本版式编排设计（如图1-1-12，图1-1-13），展示版式编排设计（如图1-1-14，图1-1-15），网页版式编排设计（如图1-1-16,图1-1-17），企业形象版式编排设计（如图1-1-18，图1-1-19，1-1-20）。

图1-1-3　报纸版式编排设计1

图1-1-4　《经济观察报》版式编排设计　　图1-1-5　报纸版式编排设计2

图1-1-1　吕敬人书籍设计《中国记忆》1

图1-1-2　吕敬人书籍设计《中国记忆》2

图1-1-6　报纸版式编排设计3

图1-1-7　深圳夏一波广告设计有限公司包装设计1

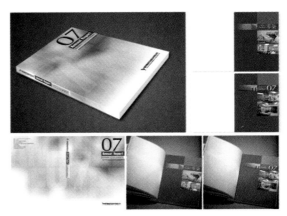

图1-1-12　深圳夏一波广告设计有限公司产品样本设计1

图1-1-8　深圳夏一波广告设计有限公司包装设计2

图1-1-9　日本设计师原研哉"岩船米"包装设计

图1-1-13　深圳夏一波广告设计有限公司产品样本设计2

图1-1-10　深圳夏一波广告设计有限公司广告设计1

图1-1-11　深圳夏一波广告设计有限公司广告设计2

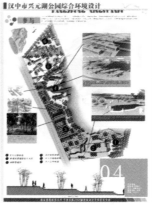

图1-1-14　郑凡设计作品1

图1-1-15　郑凡设计作品2

图1-1-16 陕西蓝天民航技术学院网页版式编排设计1

图1-1-17 陕西蓝天民航技术学院网页版式编排设计2

图1-1-19 深圳夏一波广告
设计有限公司企业形象设计2

图1-1-18 深圳夏一波广告设
计有限公司企业形象设计1

图1-1-20 深圳夏一波广告设计有限公司企业形象设计3

现代的读者是多元化的。版式编排设计的目标是通过特定的富有鲜明个性的版面造型来激活、激发读者的阅读欲望。很多书籍经常通过彩色印刷来实现版式编排设计中千变万化的构成。较之以往普通纸张、黑白印刷的书籍,大量丰富的全彩色图片给了读者一个强有力的视觉刺激的同时,也大大增加了读者对于书中内容的理解。还有一些书籍不同的章节常采用不同的颜色,将色彩作为视觉上的索引,使读者从书的侧面就可以分辨不同的章节,查找到相关的内容。

教科书与学习辅助类书籍,也改变了以往严肃的表情,开始尝试单彩色印刷或四色印刷方式,色彩的层次变化使得书籍阐述的重点和版面的效果得到突破性展示。但彩色印刷的成本相对较高,尤其是全书四色甚至需要运用更多色彩印刷。所以,如何既能控制色彩印刷成本又能展示更加丰富的版面效果,更多的设计者考虑通过文章内容结构的变化、标题的设计、页码的编排,或者加上一些图表、插画来吸引读者眼球。

与书籍不同,报纸是一个平面但空间感要求更加强烈的版式编排设计实体。版式是报纸的视觉形象,是报纸的广告和包装,在报纸版面中扮演着举足轻重的角色,它刺激着读者的阅读欲望,吸引着读者的眼球。一张好看、耐看的报纸,首先是从报纸版式上感应到的。每一张报纸的版面由文字、图片、色彩、字体、栏、行、线、报头、报花、报眉、空白等要素构成,版式就是报纸版面构成的组织和结构。报纸的诸多要素,要靠版式编排设计的造型活动来完成。不同的报纸提供给受众信息的侧重点不同从而体现媒体性质,并通过不同的版式设计和色彩运用表现不同的编辑思路,形成不同的报纸风格。一般来讲,严肃的党报与相对活泼的晚报和都市报的风格不同,与生活、消费、娱乐类报纸更不同,综合类的日报与周报又不同,这种差异,读者很容易一眼从版式上看出来。

像畅销杂志《读者》，为了避免单页全是字而造成的阅读疲倦，合理地采用了分栏并且合理控制单页文章数量，一般都在2~3篇，这样就不会在视觉上产生单一感。适当的小插图让读者们在阅读文字后有所回味。

科技类杂志中的叙述性文字也不能少，例如《中国国家地理》，内容较为深奥，必须配上一定数量的图片，要让这些专业性图文搭配一目了然，这也就决定了版面结构不能复杂花哨。科技类杂志中，例如《大众软件》是IT界里普及面比较广的杂志，初学者与中级水平者都比较爱看，由于其读者群年龄相对偏低，版面特点是有色彩但不华丽，风格跳跃中带有严肃，符合男性品位。

版式编排设计除了在不同媒介表现有所不同，对于不同人群版面也有其不同点。

例如在宣传儿童用品的时候，版式编排设计方面要注意的是文字和图片色彩的选择。由于对象是儿童，不可以像对成年人那样严肃机械，而是要突出可爱、活泼的感觉。儿童读物在色彩选择上，应该以红色、绿色、紫色等鲜艳的色彩为主，这些亮丽的色彩给人一种生命力和活力，同时又符合孩子的喜好。开本要考虑到适合孩子手掌的大小，形式上也可以灵活多变，不必要方方正正，做成花朵形、云朵形、心形、圆形等自由的形式都是可以的，总之要能够吸引儿童读者的注意力。

针对老年消费者制作的平面广告、包装或者书籍报刊等版式设计，应着重于简洁性、介绍性、提示性，避免太过花哨，那样会使他们眼花缭乱。由于老年消费者心理成熟、经验丰富，版式编排设计形式最好中规中矩，以提示和劝说性文字为主，色彩沉稳收敛是最佳选择，避免跳跃和对比强烈的鲜艳色彩。根据老年人的消费心理和不同特点，选择区别于其他消费群体的版式编排设计。

女性消费者是一个特殊的群体。商品的广告，包装的外观、形状，其中表现的情感因素、商品品牌的寓意，款式色彩产生的联想、商品形状带来的美感、环境气氛形成的温馨感觉，都是女性消费者重点考虑的因素。在针对女性这一消费群体时，版式编排设计应较全面地考虑。以化妆品招贴和包装的版式编排设计为例，使用美女形象是化妆品宣传的最大特点。不论是在海报还是包装上，色彩方面针对年龄段的不同，多以粉嫩、高雅的色系为主，利用版面的留白和色彩来宣传上乘品质和优越感。在版面的设计形式上，同样根据年龄段的不同，可以新颖活泼，也可以优雅端庄。

与女性消费者很大不同，男性消费者比较理性，较多地注意商品的品牌效应、基本功能、实际效用以及质量优劣。以汽车宣传海报为例，在版式设计的形式上，对于大家已经很熟悉的知名品牌，可以以强调品牌为主去设计版式，标志品牌的字体可以适当放大和突出。一般的品牌，可以图形为主、文字为辅，在附加照片的同时，也配上文字加以说明，突出各种汽车的细小功能，来表现汽车的细节品质。色彩上，以大面积运用汽车的典型色彩为主，在整个海报上突出呈现，形成现代气息。

第二节　版式编排设计的历史

版式编排设计的理论源于20世纪的欧洲。英国人威廉·莫里斯最先倡导了一场工艺美术运动，并随之在欧美得以广泛响应。莫里斯讲究版面的编排，强调版面的装饰性，常用对称结构，形成了严谨、朴素、庄重的风格。他的古典主义设计风格，开创了版式编排设计的先河。工艺美术运动产生伊始，出现了一个重要的促进因素，即1888年在伦敦成立的工艺美术展览协会。这个协会成立以来，连续不断地举行了一系列设计展览，在英国提供了一个了解优良设计和高雅设计品的机会，从而促进了工艺美术运动的发展。

任何一种传统装饰风格，完全走向自然风格，强调自然中不存在直线，强调自然中没有完全的平面，在装饰上突出表现曲线、有机形态，而装饰的动机基本来源于自然形态。

20世纪初，现代主义设计运动在世界范围内蓬勃兴起，在20年代达到高潮，并在整个欧洲发展得如火如荼。在德国，通过现代设计运动的先驱沃尔特·格罗佩斯、米斯·凡德洛等人的努力，通过他们所创立的世界上第一所设计学院"包豪斯"的探索，使现代设计达到了惊人的高度，取得了非常重要的成果。包豪斯的现代设计风格迅速

图1-2-1　威廉·莫里斯设计的《吉奥弗雷乔梭作品集》扉页

图1-2-2　莫霍里·纳吉设计的《包豪斯展览目录》

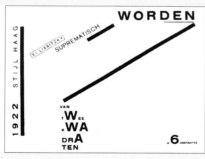

图1-2-3　凡·杜斯伯格设计的《风格》杂志封面

图1-2-4　蒙德里安的作品

19世纪中叶，英国设计师、色彩专家欧文·琼斯写成《装饰法则》一书，通过大量有关美的设计原理、方法和实例而成为19世纪美术设计师的一本"圣经"。

1850年，哈珀印刷公司开创了画报时代，其代表性范例有《哈珀画报》《哈珀青年》等，这些杂志专门配有美术编辑，从而促进了编辑设计的发展。

在英国工艺美术运动的感召下，欧洲大陆又掀起了一个规模更为宏大、影响更为广泛、程度更为深刻的"新艺术运动"，涉及十多个国家，从建筑、家具、产品、首饰、服装、平面设计、书籍插图，一直到雕塑和绘画艺术都受到影响，延续时间长达十余年，是设计上一次非常重要、具有相当影响力的形式主义运动。英国和美国的"工艺美术运动"比较重视中世纪的哥特风格，把哥特风格作为一个重要的参考与借鉴来源，而新艺术运动则完全放弃

走向美国、瑞士、荷兰、匈牙利和日本等国，影响到广告招贴、版面包装、摄影等众多设计领域。

随后出现了多种多样具有创造性语言的版式编排设计风格。在瑞士人厄斯特凯勒的版面构成中，字体图形就是重要的构成元素。他将精心设计的美术字放在重要的位置，配上其他元素，使版面达到高度的和谐。

版面构成还深受现代绘画的影响，荷兰"风格派"大师蒙德里安，运用对称、平衡、直线的构图，直接影响到版式设计领域。荷兰"风格派"的平面设计成就主要体现在凡·杜斯伯格的《风格》杂志版式设计上，特点是高度逻辑，完全采用简单的纵横编排方式，排除曲线的构成方式，并在分割面上使用单纯的颜色和单纯的对比，基本没有其他多余装饰，以求达到强烈醒目的视觉效果。同时版面中既采用非对称的方式，又追求非对称中的视觉平衡。

图1-2-5 康定斯基为"MA"杂志做的版式设计

图1-2-6 埃尔·李西斯基的版式设计

俄国人康定斯基与埃尔·李西斯基，则是倡导设计简单明确，摒弃传统的装饰风格，以理性的、简洁的几何形态构成图形，版面中的字体大都基本使用无装饰线体，着重于形体美、节奏美和抽象美。俄国的构成主义在艺术上具有极大的突破，对世界艺术和设计的发展都起到了很大的推动作用。

匈牙利人瓦沙雷，创造了一种新颖的艺术形式，称之为"欧普艺术"或"光效应艺术"，使读者在视觉上产生幻觉和运动感，加深美的联想与感受。此风格20世纪60年代盛行于欧美。除了上述主要流派之外，还有表现主义、未来主义、超现实主义和达达主义等绘画流派，也同时给版面构成带来无限冲击，并推动着现代版面艺术的发展。

日本的工业革命比西方国家迟100年以上，它从1953年前后开始发展自己的现代设计，到20世纪80年代已经成为世界上最重要的设计强国之一。日本设计有两种完全不同的风格特征，一种是比较民族化的、温煦的、历史的传统设计；另一种则是国际的、超前的、发展的现代设计，这种传统与现代双轨并行的体制所获得的成功，为那些具有悠久历史的传统国家提供了非常有意义的样板。

中国的版式编排设计具有悠久的历史，古代的书籍中就表现出了丰富的形态、周全的功能。五四运动之后，日本和欧美的装饰艺术、版式设计被引进国门。20世纪60年代开始，新的以商业和文化为主体的版式编排设计有了长足的发展，我们的设计界迫切希望新的版式编排设计系统能够广泛地应用于视觉设计的每一个环节。版式编排设计将如何反映出对中国文化的应用和理解，从而真正地将属于我们的设计推向国际化，则是出于更高的理想，需要我们不断地探索和努力。

实训作业

课题：感受版式编排设计的视觉魅力

目的：了解版式编排设计的各种类别和设计形式。

内容：调查收集10种同类版式编排设计作品，分析其创意、风格、内涵。

要求：每位同学收集同类10种版式编排设计作品，分析其设计形式，并用PPT演示，教师点评，学生讨论。

提示：常言道：内行看门道，外行看热闹。在开始学习版式编排设计时，许多同学是在看"热闹"，潜意识感到好看或不好看；通过学习，同学们要有意识地去看版式设计的"门道"。

第二章 版式编排设计的基本要素

CHAPTER 2

挤压文字构成出一张生动的人物头像，文字肌理衬托
了标题文字与图形

学习目标

　　文字、图和色彩是版式编排设计的三大视觉元素，运用设计元素构成的形式美和空间美是版式编排设计的基本法则，而具体的设计方法又是在这些法则的基础上产生的。

　　通过本章的学习和训练，要求学生了解视觉元素，并对构成的形式美和空间感加深理解，在训练中能够灵活应用、提高眼力和动手能力。

视觉要素
构成要素

第一节　视觉要素

一、文字

文字既是承载语言信息的载体，又是具有视觉识别特征的符号系统，不仅表达概念，同时也传递情感。文字作为语言信息的一种形式，更适宜表现逻辑性强的信息部分，是版式编排设计中不可缺少的关键因素。文字在版式编排设计中不局限于信息传达意义上的概念，更是一种复杂的艺术表现形式。精心处理的文字，可以营造很好的版面效果。特别是文字较多的报纸、书籍、杂志等，通过文字大小、疏密的排列，给人一种阅读的舒适感。因此，单一文字及成段文字的大小、数量、位置等，是版式编排设计中需要着重处理的细节，文字的编排组织对版面具有重要意义。

版式编排设计中忽视文字元素的设计，字形不具美感，编排混乱，缺乏正确的视觉顺序，使作品难以产生良好的视觉传达效果，不利于读者进行有效的阅读。

[重点提示]

字体与字号的排布方法：

1. 在纸上按照字号从小到大的顺序，逐行打印"版式编排设计"，可选择字号从5磅开始一直到200磅。选用两种字体：黑体、宋体。

提示：选用版式编排常用软件Coreldraw的字号惯例来完成，Photoshop、Illustrator、Freehand等软件同理。字号大小分别是：5、6、7、8、9、10、11、12、14、16、18、24、28、36、48、72、100、150、200磅。要与已经熟悉的微软办公软件Word的字号进行区别，习惯上10.5磅字在Word中对应了五号字。（如图2-1-1）

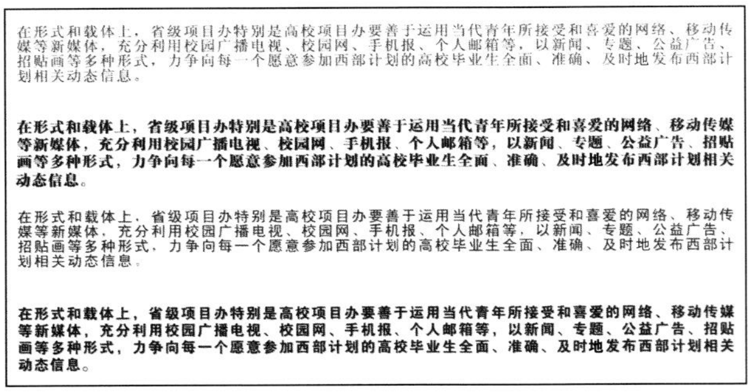

目的：了解字号在平面上显示的具体面积。5磅字是印刷媒介基本上能够清晰识别的文字大小，逐号递进，是内文文字向标题文字的过渡，更大的字号甚至充当了图形的效果。

2. 打印100个字，以相同字号、不同的字体进行排布，观察文字形成的黑白灰效果。选用4种字体：黑体、宋体、大黑、粗宋。（如图2-1-2）

3. 打印100个字，以相同字体字号、不同的行间距进行排布，观察文字形成的黑白灰效果。选用4种字体：黑体、宋体、大黑、粗宋；字间距：100%、125%、150%、200%。（如图2-1-3）

目的：作为版式编排设计必不可少的元素之一，字体形式、大小与行距的选择影响到整个版面的布局。在课程开始前，有必要正确地了解和估算文字字

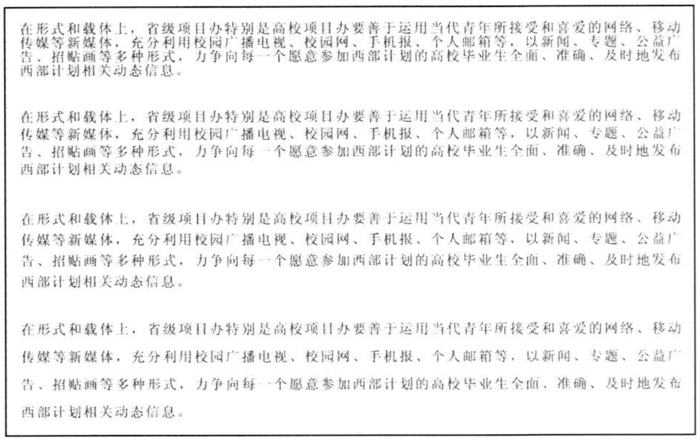

体、大小在版面形成的效果。它不仅可以解决文字群在版面空间的有序排布，还因黑、白、灰形成面的明度关系使得阅读先后顺序产生变化。

4. 打印一些常用中文字体，初步了解它们的名称与结构特点。例如：准圆体、综艺体、魏碑体、隶书体、倩体、琥珀体等。

提示：选用同一字库的字体进行打印，这样有助于字形风格的统一。例如：方正字库、文鼎字库、长城字库、经典字库等。

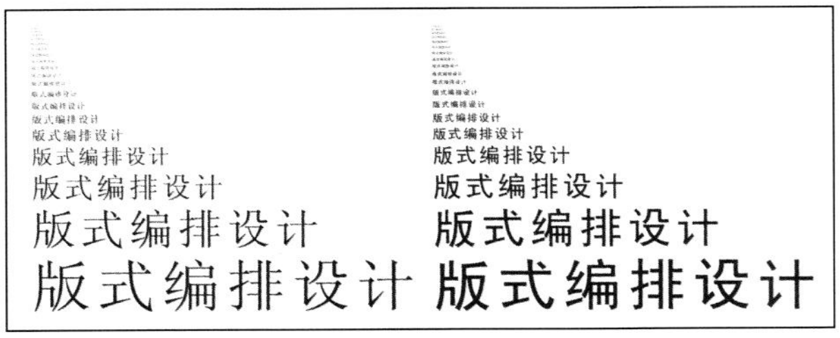

图2-1-1　不同字号的文字在版面形成的效果

图2-1-2　不同字体的文字在版面形成的效果

图2-1-3　不同行距的文字在版面形成的效果

二、图

图包括图形、图像，绝大多数版式编排设计都因图的出现，给人以直观的印象，起到吸引视觉以及帮助受众快速理解信息的作用。图在版式编排设计中具有独特的性格，直观、形象、生动、易懂、富有情趣，是版式设计中的重要元素。

（一）图形

图形可以理解为除摄影以外的图和形，它是版式编排设计中重要的视觉要素。早在文字诞生之前，图形符号就已经是人类记录和传递信息的重要工具。在当今高速发展的社会传播机制中，图形符号发挥着重要作用，它是有高度视觉认知功能的信息，具有无法替代的地位。图形视觉冲击力比文字强85%，最能吸引人的眼球。

（二）图像

图像与图形有一定意义上的区别，图像中照片的成分更多一些。图像因其直观的感受在版式编排设计中被广泛使用。由于科技的发展，电脑软件的普遍应用，图像根据所要表达的主题内容和编排的需求，常常在电脑中作各种各样的处理，处理后的图像特效给人以丰富的联想，更能激发受众的想象力。

图像合成是将两幅以上的图像在电脑软件里作处理，利用电脑特技形成全新的视觉效果，使内容与形式统一，并呈现超现实的感觉或抽象的技术美感。

好的版式编排设计应最大限度地利用图形和图像，选择适当的高质量的图，本身就是设计的一部分。一幅好图在表达商品的色泽、质感、形状、体积、功能、使用方法等许多方面，能使受众一目了然。

三、色彩

将色彩按照一定的关系原则在版面上去组合，创造出适合的色块区域，这种创造的过程成为版面色彩。色彩是版式设计中的一个重要因素，是设计师进行设计时最活跃的元素之一，具有表达情感的作用，它与受众的生理和心理相关。研究版式编排设计的色彩要从它的功能性、实用性出发，要对受众产生吸引力，要提高版面的注意力，应具有象征的作用，吸引回忆的价值。色彩可以增加传递信息量、影响受众情绪、产生味觉感，具有轻重感、软硬感，具有时间感、空间感、带有政治或地域含义。 版面中合理用色可以提高色彩的价值和独特性，增强信息的传达功效。色彩与形的紧密配合，可以增加受众对各种形体的辨认。

版式编排设计中不同主题需要不同色彩来表达，确定主色调可以使设计更加准确和有效，辅助色的使用能够产生视觉层次感，避免视觉上的单调。版式中把握色彩的对比、调和以及色彩的情感，使受众产生联想，引起对色彩的喜好。版式编排设计色彩不宜过于复杂，重点要有视觉冲击力，可以让色彩在视觉上更准确丰富（如图2-1-4，图2-1-5）。

图2-1-4　色彩产生的强烈吸引力

图2-1-5　画面中色彩产生的吸引力，黑、白、红极度引人注目

[重点提示]

版式编排设计中色彩运用要求：

版式编排设计从草图开始就策划如何运用色彩，而不是到最后再加上。

借助色彩可以把版式中各个信息级别的分区确定下来。

色彩应用要和谐统一，独特的色彩组合能达到与众不同的效果。

版式编排设计中，颜色不宜太多，否则将增加受众在一大堆色彩中解读、辨认信息的难度。

（一）色彩的对比与协调

1.色彩对比分割版面形态

人们的视觉习惯会把相同色彩的形态归为一个层次，不同的色彩使得版面的层次丰富起来，可以说色彩的对比解决了层次平庸、单一的问题，并且分割出版面上的空间形态。

色彩对比包括：色相对比、明度对比、纯度对比、冷暖对比、聚散对比、面积对比等。

色相对比：色相对比是利用各色相的差别而形成的对比。（如图2-1-6，图2-1-7）

明度对比：明度对比是色彩的明暗程度的对比，也称色彩的黑白度对比。明度对比是版式编排设计最重要的因素，色彩的层次与空间关系主要依靠色彩的明度对比来表现。只有色相的对比而无明度对比，图案的轮廓形状难以辨认；只有纯度的对比而无明度的对比，图案的轮廓形状更难辨认。色彩明度对比效果要比纯度大3倍，可见色彩的明度对比是十分重要的。在转换黑白稿时明度更重要，所以设计师在设计时一定要全面考虑。（如图2-1-8，图2-1-9）

纯度对比：纯度对比是指较鲜艳的色彩与含有各种比例的黑、白、灰的色彩即模糊的浊色的对比。纯与不纯是相对而言的。（如图2-1-10，图2-1-11）

冷暖对比：利用冷暖差别形成的色彩对比称为冷暖对比。又指冷色系和暖色系的对比。注意冷色块和暖色块的面积不能同比例，如果相同，其中一色必须减弱，或各色之间增加黑、白、金、银、灰，取得对比中的协调。（如图2-1-12至2-1-15）

聚散对比：通常把画面内图形称为图，背景称为底。由于图的形状不同，有的集中，有的分散。集中的色块少而大，并且醒目，对比效果好；分散的色块小而多，由于图底相切分散其视线，对比效果差，但调和效果好。（如图2-1-16，图2-1-17）

面积对比：指各种色彩在构图中占据量的对比，这是数量的多与少、面积的大与小对比。色彩感觉与面积对比关系很大，同一组色，面积大小不同给人的感觉不同。（如图2-1-18至2-1-21）

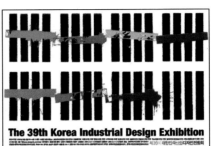

图2-1-6　以相同的黑色条块为背景，上面不同色相的横条笔触，在统一的形式中对比强烈

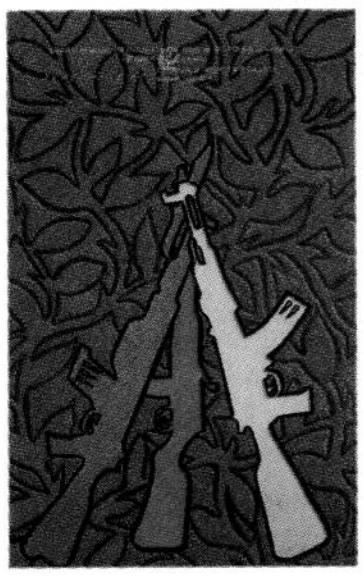

图2-1-7　画面中心三支枪的图形通过色相对比，丰富了画面层次，又与冷色的背景相互协调

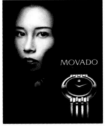

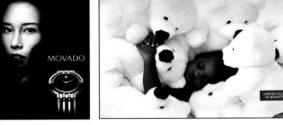

图2-1-8　明度对比，体现产品特性与品质

图2-1-9　明度对比，体现产品的特性与品质

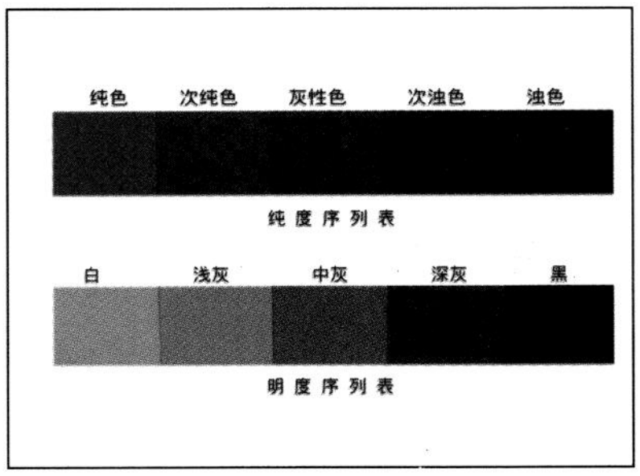

图2-1-10　纯度、明度序列表

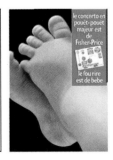

图2-1-11　黑色纯度最低，衬托了婴儿的皮肤色，同时皮肤色又衬托了高纯度的大红色

图2-1-12　红和蓝、红和绿属于对比
色，色彩强烈对比，且面积比例较协调

图2-1-13　冷色的绿与暖色的红、黄产生
强烈的冷暖色对比，是儿童喜欢的色彩

图2-1-18　草莓的大小变化形成红色的面积变化，节奏感强烈

图2-1-14　绿图红底使图形更加强烈，
突出主题

图2-1-15　红白色图形置于绿色背景之
中，形象更强烈

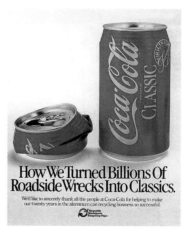 

图2-1-19　可乐瓶的高低变化形成色彩面积变化

图2-1-20　篮球的橙色与字母的
黑色形成色彩面积的对比

图2-1-16　图形的聚散将视线引导向左上角

图2-1-17　图形的旋转形成
聚散感

图2-1-21　版面中
绿色的物品面积较
大，而啤酒的黄色
面积小，给人感觉
是绿色调

2.色彩调和与版面形态

从美学意义上讲，色彩的调和是各种色彩配合在统一与变化中表现出来的和谐。色彩调和手法被广泛地应用于版式设计当中，设计师运用对比与调和的高超技巧，既通过对比引起观者视觉的刺激，突出想要表达的主题，又运用调和的手法抑制过分的刺激，达到和谐的审美感受，两种或两种以上的色彩合理搭配，产生统一和谐的效果，称为色彩调和。

同种色的调和：相同色相、不同明度和纯度的色彩调和。方法为：使之产生循序的渐进，在明度、纯度的变化上，形成强弱、高低的对比，以弥补同色调和的单调感。（如图2-1-23）

类似色的调和：将色环中（30°）任意两色并置在一起的色彩，以色相接近的某类色彩，如红与橙、蓝与紫等的调和，称为类似色的调和。类似色的调和主要以类似色之间的共同色来产生作用。（如图2-1-24）

对比色的调和：将色环中（180°）任意两色并置在一起的色彩，如红与绿、黄与紫、蓝与橙的调和。调和方法有：选用一组对比色，将其纯度提高，或降低另一种对比色的纯度；在对比色之间插入分割色（金、银、黑、白、灰等）；采用双方面积大小不同的处理方法，以达到对比中的和谐；使对比色之间具有类似色的关系，也可起到调和的作用。（如图2-1-25，图2-1-26）

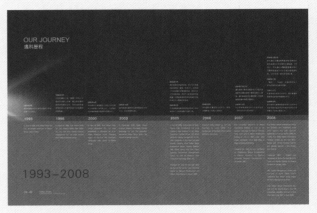

图2-1-23　深蓝色在画面中做了不同明度的变化，协调了画面

图2-1-24　暖色调的类似色土红、土黄、橘黄、黄白等色相接近协调

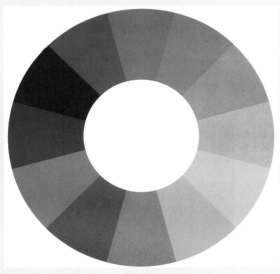

图 2-1-22　色环

图2-1-25　产品设计色彩的冷暖对比与色块区分明快丰富，将各种颜色图形组合在一起形成视觉的调和

图2-1-26　版面使用大面积的色彩相叠加，使用比例不同，白色巧妙地作为过渡

(二) 色彩情感

色彩是决定版式编排整体风格的主要决定因素，任何形态都是具有色彩的，色彩变化实现了造型的变化，让设计更能表达情感、传递信息，更具有吸引力。

色彩的情感来源于生活，如春夏秋冬的色彩对人的印象、酸甜苦辣对应的物品的色彩等。生活中任何物体，其形象和色彩往往都会影响和触动人们的感觉神经，当某一种色彩或色调出现时，往往都会引起人们对生活的美妙联想以及情感共鸣。也正因为如此，人们常常将激情与感受宣泄给色彩，使色彩更具情感化，这就是色彩视觉通过形象思维而产生的心理作用。

版式编排设计的色彩，之所以能引起人们心理情感的活动，是人的情感作用于色彩本身，而导致色彩多姿多彩。要让色彩设计体现出亲和力，要避免个人的用色习惯，将不同主题要求进行感性的联想和体验，使情感进入到色彩配置中。

色彩情感表现具有客观性和特殊性，同一色彩所产生的情感是有差异的，不同年龄、生活环境、风俗习惯等都会引起不同的情感倾向。就年龄而言，儿童喜爱纯度较高的色系，成年人比较喜欢纯度较低的色系；不同生活环境也有区别，民间偏向大红大绿的浓艳色彩，而在发达的城市中大多偏向淡雅协调的色彩。向某一特定受众传达信息时，所用颜色是有所区别的。（如图2-1-27，图2-1-28）

[重点提示]

色彩配比：熟悉色彩的取值，比如红、黄、绿、蓝，它们的色彩值分别为：

红：C=0，M=100，Y=0，K=0

黄：C=0，M=0，Y=100，K=0

绿：C=100，M=0，Y=100，K=0

蓝：C=100，M=0，Y=0，K=0

目的：专业的设计人员应当会通过C、M、Y、K（蓝、红、黄、黑）的数值，调整色彩之间的合理搭配，包括纯度与明度等效果。

图2-1-27　色彩使用大胆，饱和度强，展示出产品针对幼儿消费群体的特性

图2-1-28　包装色彩单纯清澈，通过纸张的质感体现品位，产品名称与辅助图形设计语言统一

四、点线面

点、线、面是从几何学的角度，以抽象观念去观察与表现设计的主题。点、线、面本身不具备具体的信息量，但通过点的空间排列、线的曲直粗细的变化、面的虚实与面积对比以及点、线、面综合性主观处理，其表现力却无穷无尽。

在版式编排设计中，点、线、面往往表现为具体的视觉元素，如文字、图形、符号、色彩、空间等等。要了解具体几何点线面元素的个性与视觉特点，把握它们在空间层次上的结构，从整体出发，运用各种版式设计原理，将各元素独特化、个性化。当它们由独立到连接成有机的整体时，可以形成不同的版式形式，产生千变万化的全新版面。每个元素的存在与变化，都可以决定设计作品的不同形式与风格。设计时既要照顾到它们的独立表达空间，也要关照它们的互相映衬作用，准确把握它们的形势和情感，才能设计出有内涵有韵味的版式，使设计作品在空间层次上保持和谐美，建立设计者和欣赏者之间的沟通渠道。

（一）点在版式编排设计中的应用

在版式编排设计中，"点"多数是作为一种抽象出来的点而存在。在整幅版面中，一个较小的形象即可称为"点"，如版面中相对较小的标志、符号等。同时，点也可作为一种具象而存在，这就需要设计师具有丰富的想象力和敏锐的对美的感悟。

点在版面结构中处于不同的位置，意义不同。例如：点处在交叉对角线中央，版面最稳定、平静；点向上移动，就会产生力学下落的感觉；点的位置移动到左上角或右上角，都会产生动感和强烈的不安定的感觉。点的移动或者连续重复便会形成线，通常看到某些版面将文字变成一个个点组成的线化图形，就是用了这个方法。点的线化的效果是通过点的疏密完成的。点的面化作用是运用点的大小和疏密，可以产生凹凸感，也能够营造面的效果。

不同形状的点给人不同的视觉感受，并且不同形状起着补充版面、活跃版面、版面负形的作用。（如图2-1-29）

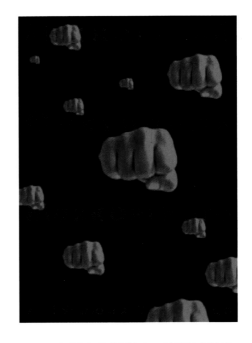

图2-1-29　握拳的造型构成点的组合，形成视觉上的空间节奏感

当画面出现了过多的空白与头重脚轻的感觉时，点的运用可以使画面平衡和稳定。（如图2-1-30）

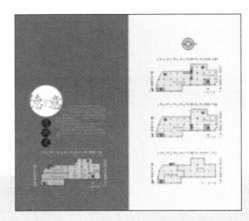

图2-1-30　画册内页的设计中，左页的标题文字点状处理，既弥补了画面的空白，起到点缀的作用，又使画面平衡稳定

在版式编排设计中，我们还可以利用点的效果营造趣味，表现为对点的形式感的把握，比如使用一些聚集的点、发散的点、大小各异的点，分别体现各自的特点。点在版面中的形态不一定为圆形，只要是具有点的体量都可以作为点加以运用。（如图2-1-31至2-1-34）

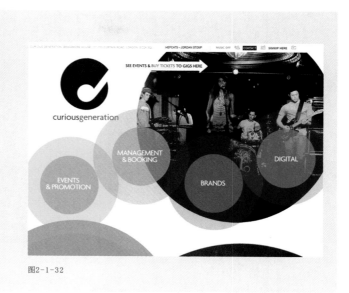

图2-1-32

图2-1-31　特殊效果的点营造出梦幻的感觉，体现主题

(二)线在版式编排设计中的应用

点移动的轨迹为线。线在版式编排设计中的表现力最强，平面和立体都可以通过线表达出来，线条的形式符号美感就存在于它自身丰富的变化之中。版式编排设计中的线不仅具有张力，还具有方向性，体现出无限运动的可能。（如图2-1-35，图2-1-36）

图2-1-33　　图2-1-31至2-1-34　网页版式设计中，多个大小、色彩不同的点分散有序地排列在页面中，形成不同的张力，显得非常活跃

图2-1-34

图2-1-35　渐变的线条组合成重叠的光影效果，体现创意的主题

图2-1-36　用点组成的直线形成画面视觉焦点

版面中的线有三种形态，由字的编排构成的线、视觉引导线和几何线。

1. 由字的编排构成的线

设计中常常将字符作为点进行线的编排，通过字体、粗细、大小构成不同明度的线。密集的、重复的线形成面，或者是层次丰富的灰色调，补充了整个版面。

2. 视觉引导线

视觉引导线在版式中是一条看不见但却非常关键的导向线，它直指中心内容。它引导视线去关注设计主题，成为贯穿版面的主线，版式中的编排元素以视觉引导线为中心，信息级别向左右或上下展开。设计中人物视线手势延伸、指示形符号的延伸、标题定位的延伸都能构成视觉引导线。视觉引导线是版式编排设计中定位的依据，表现为水平线、垂直线、曲线、斜线。（如图2-1-37至2-1-41）

图2-1-40 页面中以人物视线为发散点，把文字做发射处理，整个版面的文字既有阅读性，又具装饰意味

图2-1-41 文字沿着标题文字延伸出的主导线，使整个版面条理清晰

3. 几何线

不同的几何线形有不同的肌理效果。垂直的线使人感到挺拔、坚强有力和方向感；水平的线使人感到平稳、宁静与安定；斜线使人感到发展、方向与动态感；曲线具有优美、流畅与节奏感。线的长、短、粗、细、曲、直、方向等因素的变化产生了不同形态、不同个性的形式感，或是刚强有力、或是柔情似水、或是刚柔相间的视觉语言。

几何线表现为网格分区线和装饰线，可以增加版面的丰富性。网格分区线用线来进行版面分区，一种是可视的线，一种是隐形的线。可视的线分割区域，使版面较为严谨，但显得生硬；隐形的线是用不画线的方法切断图片或文字，参与区域的定位，版面显得通透。

装饰效果的线，用来引起关注，限定外框、连贯信息。装饰效果的线用于展开页面的设计，通常是为了连贯信息，形成页面之间的沟通。（如图2-1-42至2-1-45）

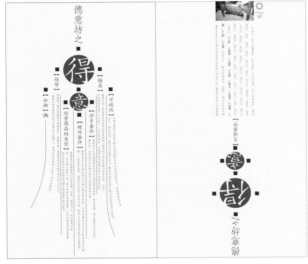

图2-1-37 页面中文字的纵向处理使文字的阅读具有引导性，成为贯穿版面的主线

图2-1-38 群化的线性图形引导向中心文字观看

图2-1-39 手指形成视觉引导线

图2-1-42 可视的分割线，丰富了版面

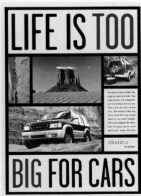

图2-1-43 版面中所有的视觉元素排列在页面可视的网格中，版面结构分明

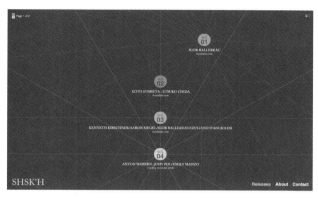

图2-1-44 背景中线装饰效果极强，丰富了画面，文字图形做直线处理，与背景线产生对比，点状的色块与发散线相结合，具有典型的点线面设计语言特点

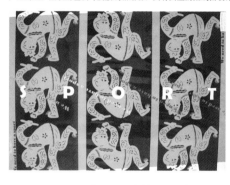

图2-1-45 竖向的线把近似的图形重复排列

（三）面在版面编排设计中的应用

面是由点的扩展和线的移动轨迹形成的。面往往表现为不同的形，如规则的形有圆形、三角形、正方形等，这些是形的基本形状。圆形具有团结、运动感；三角形具有平稳、均衡感；正方形具有端正、平衡感。此外，还有各种各样活泼生动的自由形。面在设计形式中是最具视觉效果的因素，它在视觉心理中比点和线更具影响力。

1.面的切割

将完整的纯粹形态切断分割，使之产生另类的形态，是版式编排设计中常见的手法，它可以使版面产生丰富的变化。（如图2-1-46至2-1-49）

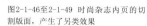

图2-1-47

图2-1-48

图2-1-46至2-1-49 时尚杂志内页的切割版面，产生了另类效果

图2-1-49

2.面的组合

面的组合是将同形的单位做相应的移动，并用翻转、变形等手段进行复合构成。（如图2-1-50至2-1-52）

图2-1-50 同形的图做大小的变化，复合构成

图2-1-51 各元素以面的形式组合构成，背景底图放大处理，有稳定画面的作用

图2-1-52 版面中吸引视线的是人物图的组合

3.面的图与底

图与底的关系是相对的，它的转换常常取决于面的强弱和色彩对比。人的视觉处在图与底的关系时，首先寻找日常生活中最熟悉的形态。

图2-1-46

五、形态

版面形态与设计的开本及内容相关；版面包括版心和周空，是设计页面中承载图文和空白部分的总和。

（一）开本

开本即版面的大小，即一张全开的印刷用纸裁切成的页数。

由于国外、国内的纸张幅面有几个不同系列，因此虽然它们都被分切成同一开数，但其规格的大小却不一样。在实际生产中，通常将幅面为（787×1092）mm或（31×3）英寸的全张纸称之为正度纸；将幅面为（889×1194）mm或（35×7）英寸的全张纸称为大度纸。目前裁切规格尺寸大度为：大16开本（210×297）mm，大32开本（148×210）mm和大64开本（105×148）mm；正度为：16开本（188×265）mm，32开本（130×184）mm，64开本（92×126）mm。

（二）版心

版心是版面主要内容所在的区域，即版面上除去周围白边规则承载页面的部分，是版面构成要素之一，是版面内容的主体。

1. 传统版心设计规律

把开本的宽度分为3份，版心占2份，其余的占1份，其中这1份之中的1/3是钉口内白边，2/3是切口外白边，1.5是天头上白边，3是地脚下白边。（如图2-1-53至2-1-55）

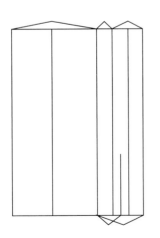

图2-1-53　在书本的对角线上分成9份，取2段点和7段点分别画平行线和垂直线，就形成了中间6份的版心

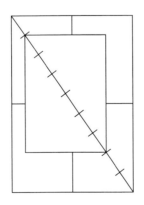

图2-1-54　在单页和双页的交叉线上任意选其一点，画平行线和垂直线，可以根据自己设计的需要任意改变版心的大小

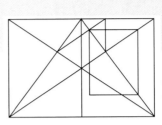

图2-1-55　扬·契肖德的版心设计法：版心面积即版心规格，用（版心宽度×版心高度）表示。如文字或图表超过版心规格，称超版心

2. 版心宽度

版心宽度应考虑到影响视力的字行长度因素，小五号字的字行长度超过90mm，五号字的字行长度超过110mm，就不是最佳的视力范围。

目前通行的图书，大32开本图书的字行长度为：五号字，27～29字/行，约100～108mm；32开本图书字行长度：五号字，25～27字/行，约92～100mm；小五号，29～31字/行，约92～98mm。16开本图书字行长度：五号字，38～40字/行，约146～150mm；小五号，48～50字/行，约150～156mm。16开本的字行长度，显然已经超过了视力适度的范围。除了个别书刊用五号字单行排式外，大多都采用双栏排式。

3. 版心在版面上的位置

直排版式的版心位置在偏下靠右或居中。天头（上白边）较为舒展，可供批注；双单码面时，订口的白边相对较小。

横排版式的版心位置在偏上靠左或居中。版心面积不计页码，如版心上下居中，视觉版心下坠。理论书籍的白边可留大一些，便于读者在空白处书写和批注。科学技术书籍出版量小，读者少，成本高，白边就应留得小一些。袖珍本、字典、资料性的小册子以及廉价书也要尽量利用纸张，白边也应留得小一些，但至少应有10mm的宽度。精装本和纪念性文集用较宽的白边，这样也能增强书籍的贵重感和气派。从版面的和谐性看，行距宽的也即疏排的版心，其白边要相应地宽一些，反之密排的要窄一些；另外，厚本书籍要注意内白边因弧形造成的减弱作用，要相应地加宽，注意不使版心缩进订口的隆起处，至少不必用手去按压就能看到最里边的文字。

4.版心规格的计算

版心规格的计算，即版心容量（版面容纳字数）的计算，在图书正文用字确定后，即可根据既定的图书开本计算版心规格。

行长计算，即图书版面上一行文字的长度的计算。在一般情况下，行长等于版心宽度。

激光照排、铅排行长的计算＝字数×（每字点数×每点毫米数）

如：某图书，用五号字，每行排25个字。

行长＝25字×（10.5点/字×35毫米/点）
＝25字×0.675毫米/字
＝91.875毫米

手动照排行长的计算＝字数×（每字级数×每级毫米数）

如：某图书，用15k字（相当于五号字），每行排27个字。

行长＝27字×（15k×0.25毫米/k）
＝27字×0.75毫米
＝101.25毫米

行距计算，即两行文字的行间距离的计算。行距的确定一般为正文字的1/2。

版心规格计算＝版心宽度×版心高度
版心高度＝（字高×行数）＋（行距高×行距数）
其中：字高＝每字点级×每点级毫米数
行高距＝每行距点级×每点级毫米数
行距数＝总字行数－1

（三）周空

周空是图书版面上规则版心四周的空白，也叫作页边距，是版面不可或缺的要素。

白边有助于阅读，避免版面紊乱，有利于稳定视线，还有助于翻页。周空的名称：上白边称为："天头"，下白边称为："地脚"，左右白边称为："订口或切口"。

华侨城会所折页

六、肌理

肌理的形式一般分为视觉肌理和触觉肌理。

视觉肌理是对物体表面特征的认识，一般是用眼睛看，而不是用手触摸的肌理，即各种纵横交错、高低不平、粗糙平滑的纹理变化。形和色非常重要，是视觉肌理构成的重要因素。随着现代科技的发展，电脑、摄影与印刷技术的使用，更加扩大了肌理和材质的表现性，将有更多的肌理效果被运用到我们的现代设计之中。

版面的肌理经过设计，体现出来的是一种质感，是利用图片、文字、材质进行突破平面的编排，形成一种视觉上的肌理感。从版面的阅读性来说，它不作为主体为受众提供有效的可读性信息，不是直接阅读的图形、文字、色彩，而是间接形成肌理效果，是为了适合主题、强调主题、形成层次与空间感的个性鲜明的编排形式，为版面营造视觉空间、增加人们情感的重要组成部分。更为活跃和自由的形式，轻易地占据受众的心灵，因为肌理现象的特殊性在于它同时作用于我们的视觉、触觉等感觉器官。

版面编排设计的肌理艺术视觉效果，无疑受设计内容的制约，从设计的艺术角度上分析一幅作品，要研究的既不是文字的意义，也不是图片、图像的具象性，我们更多地分析画面上文字和图形的色调、形态，以及它们之间的相互关系。

（一）文字肌理

我们做过这样的练习，同样一段文字，选用不同的字体、字间距、行距，在纸张上会形成不同的疏密效果，这种效果就是肌理。更细致一点的观察与分析可以得出结论，导致文字肌理变化的因素包括：字体类型、大小，笔画粗细程度，字距大小，行间距大小，段落对齐方式与形状，文字的色彩，书写的表现形式，等。利用计算机特有的语言进行字形的处理，使字形产生某种"电子感""机械感""超现代感"。如不同制版印刷、工艺手段形成的似木版印刷、网点、投影、立体构成等，及文与图的组合、群化的汉字组成图形、影像动感等。同时坚持对传统肌理制造方式的追求，多种多样的变化，使文字肌理形态非常丰富。（如图2-1-56至图2-1-62）

（二）图的肌理

不同的图构成的形式不同，肌理的效果也大不相同。版式可以由图像和图形组成，从处理图像和图形的方法来看，版式的肌理有无数种可能性。但在同一个版面内，处理手法应具有统一性，如相似内容的不同肌理，不同内容的相似肌理，都是版式设计围绕一个造型或主题进行统筹策划设计的。（如图2-1-63至图2-1-73）

图2-1-56　版面使用手写体，自由并产生重复叠加的文字肌理，较大的文字置于视觉中心，画面生动活泼

图2-1-57　重复的字体形成肌理

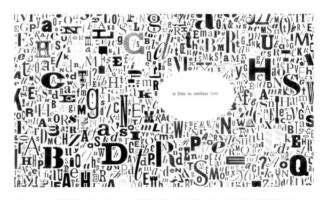

图2-1-58　字体的点状分布，大小错落有致，整体组合出一种图像化的肌理效果

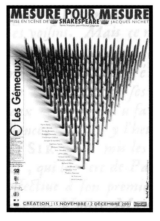

图2-1-59　文字背景的肌理效果与密布的铁钉产生虚实对比

图2-1-60　挤压文字构成一张生动的人物头像，文字肌理衬托了标题文字与图形

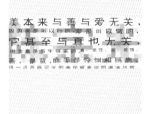

图2-1-61 可读性文字与虚化文字互为肌理

图2-1-62 文字肌理形成地图造型

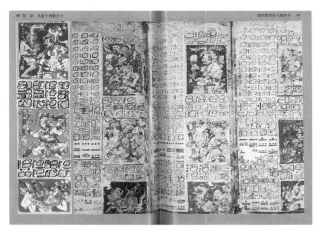

图2-1-63 用古典的图形肌理衬托主题

图2-1-64 围绕主题，将各种近似图片不断地排列、叠加，构成无数种可能性的肌理效果

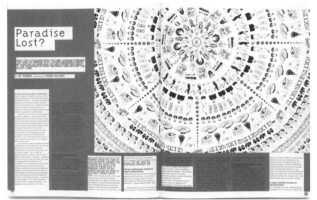

图2-1-65 发散的图形肌理形成视觉中心

图2-1-66 大面积的涂鸦肌理，与鲜明整齐的色块形成对比

图2-1-67 图形肌理做背景具有装饰感

图2-1-68 人物像素块的图形肌理填充整个版式，设计感强烈

图2-1-69　用数以万计的小块肌理画面构成了一幅整体的人物形象，与主题内容呼应

图2-1-70　底图浅色的肌理衬托了上面采用各种图形组成手形的深绿色调的肌理

图2-1-71　各种元素组合形成图形肌理效果，形式感强烈

（三）材质肌理

在版式编排设计中，材质往往是容易被忽略的因素。简单举例，一幅设计作品，用照片纸、喷墨纸、复印纸等不同的纸张打印，效果必然不同。原因是纸张的表面肌理不同，纸张是设计最基本的载体，而纸张材质是影响版式编排设计效果的一个原因。特种纸具有一定的强度，质轻，有表面凹凸、纹理、平滑、光泽等不同类型，越来越多的特种纸在色彩乃至肌理上有了显著的个性。尤其各种粗糙程度不同的特种纸，使得版式设计作品呈现出与众不同的视觉效果，引起观者的注意和喜爱。市面上无论书籍、杂志、宣传册、广告折页等，都选择其作为媒介。（如图2-1-74）

例如，植物羊皮纸，是把植物纤维制的厚纸用硫酸处理后，使其改变原有性质的一种变性加工纸。呈半透明状，纸页的气孔少，纸质坚韧、紧密，而且可以对其进行上蜡、涂布、压花或起皱等加工工艺。

硫酸纸，因为是半透明的纸张，所以在现代设计中，往往用作书籍的环衬或衬纸，这样可以更好地突出和烘托主题，又符合现代潮流。在硫酸纸上烫金、烫银或印刷图文，别具一格。

压纹纸，采用机械压花或皱纸的方法，在纸或纸板的表面形成凹凸图案，使纸张更具肌理和质感。近年来，印刷用纸表面的压纹越来越普遍，胶版纸、铜版纸、白板纸、白卡纸等彩色染色纸张在印刷前压花压纹，来提高它的装饰效果。

使用特殊工艺：模切、压凹凸、电化铝烫印、UV上光、过油等。由于特种纸中含有较多的长纤维，具有良好的挺度和韧性，适合模切和起鼓。不少特种纸具有丰富的肌理和质感，可以达到特殊效果。

为了使印刷品达到美好的视觉效果，且更具有高档华丽的感觉。印刷商和设计师都一致推崇美观且手感良好的非涂布纸。

图2-1-72　不同的元素编排成图形的肌理效果

图2-1-73　2008北京奥运会标志入围作品，采用运动人物图形的肌理效果

图2-1-74　海报将材质作为肌理衬托画面，细看海报材质背景是用粗糙的布面作为衬底，用这样的粗糙质感烘托出产品的细腻质感，这种肌理对比使人有种新颖的观赏触感

第二节　构成要素

一、构成的形式美

（一）对称与均衡

对称是形象对位置的等形等量的平衡体现，对称最简单的形式就是两个同一形的并列与均齐。对称更多表现的是视觉上直接的对应，可以形成以中轴线为轴心的左右对称，以水平线为基准的上下对称，以对称点为源的放射对称，以对称面出发的反转对称。它具有明显可见的构图特征：稳定、整齐、庄严、秩序等。（如图2-2-1至2-2-4）

均衡是用等量不等形的方式来表现矛盾的统一性，揭示内在的、含蓄的秩序和平衡，达到一种静中有动或动中有静的条理美和动态美。均衡是在对称的基础上发展起来的，在视觉上形成量与力的平衡，它补充了对称易单调、呆板的不足。均衡的形式富于变化、趣味，具有灵巧、生动、活泼、轻快等特点。均衡的范围包括构图中形象的对比，人与人、人与物、大与小、动与静、明与暗、高与低、虚与实等的对比。版面结构的均衡，除了大小、轻重以外，还包括明暗、线条、空间、影调等均衡的作用。版面中各部分要有呼应、有对照，达到平衡和稳定。（如图2-2-5至2-2-8）

如果说"对称"是画面中能以物理尺度精细衡量的形式，"均衡"则不是表象的对称，它更多地体现在视觉心理的分析和理解，是种富于变化的平衡与和谐。

图2-2-4　左右的对称构图，文字与钥匙之间的虚实有致，使整体构图稳重且灵活

图2-2-5　广告设计上半部分的石榴有强烈的视觉冲击，下半部分版式设计饱满，运用上下均衡的版式设计，达到心理均衡

图2-2-6　原研哉设计的长野冬季奥运会开幕式节目册的内页，运用左右均衡的版式设计，图形和字体在色彩上平衡、稳重、秩序，传达出日本的传统文化内涵

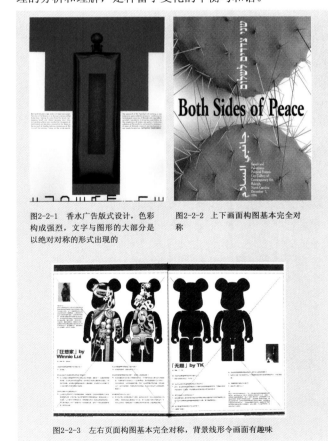

图2-2-1　香水广告版式设计，色彩构成强烈，文字与图形的大部分是以绝对对称的形式出现的

图2-2-2　上下画面构图基本完全对称

图2-2-3　左右页面构图基本完全对称，背景线形令画面有趣味

图2-2-7　均衡的设计手法，色彩和文字的排列让整个版式具有趣味

图2-2-8　杂志内页，采用均衡的版式设计，形成视觉上、心理上的平衡。左右版式中人物的一大一小、色彩面积的变化，均体现出杂志版式编排设计的生动性与趣味性

图2-2-9　大与小的对比，近与远的对比

图2-2-10　杂志内页设计，左页以大面积的图形与小部分的文字做强烈对比；右页左上角韵律的线与文字图片之间形成动与静的对比；整体是图形与文字的白图和黑色背景的对比

图2-2-11　杂志内页版式设计，白色的文字与紫红色共生于灰黑的底色之上，强烈对比

图2-2-12　书籍内页的版式设计中，左页标题字的黑色与右页大块面的黄色形成鲜明对比，标题字与正文在大小比例关系上形成对比，但是秩序整齐的正文编排使整个版面在对比中达到了和谐统一

（二）对比与调和

对比是差异性的强调。在版式编排设计中，无论文字、图形、色彩等，无处不存在对比关系。对比是寻求差异，产生冲突，也就是把相对的两要素互相比较之下，产生大小、明暗、黑白、强弱、粗细、疏密、高低、远近、硬软、直曲、浓淡、动静、锐钝、轻重的对比，对比的最基本要素是显示主从关系和统一变化的效果，它们彼此交融，相互并存于版面之中。对比关系越清晰鲜明，认知程度就越明朗显著。

调和是寻求共通，缓和矛盾，使两者或两者以上的设计要素相互具有共性。调和是在视觉元素关系中寻求相互缓和的因素，是指适合、舒适、安定、统一，是近似性的强调。对比与调和是相辅相成的，版式编排设计就是在设计对比的同时又追求调和，既对比又调和，二者互为因果，共同营造版式设计的形式美感。在版式构成中，一般版面宜调和，局部版面宜对比。（如图2-2-9至2-2-12）

现代版式编排设计的形式处理包括图形、形体、空间的对比，质地、肌理的对比，色彩对比，方向对比，表现手法对比，虚实对比，等。对比与调和规律的运用可以创造不同的视觉效果和设计风格，局部的对比必须符合整体协调一致的原则。（如图2-2-13）

图2-2-13　整个版面构成明暗对比关系，标题字与正文在面积上形成对比

图2-2-14　左边体现的是韵律，右边体现的是节奏

（三）节奏与韵律

节奏与韵律来自于音乐概念，有规律的变化形成节奏，自然流畅的节奏起伏形成韵律。

节奏按照一定的条理、秩序重复连续地排列，形成均匀的重复，是在不断重复中产生频率节奏的变化，是延续轻快的感觉，节奏的重复使单纯的更单纯，统一的更统一。

韵律是图形、文字或色彩等视觉要素在组织上合乎某种规律时，给予视觉和心理上的节奏感觉。韵律被现代版式设计所吸收，在本质上，静态版面的韵律感主要建立在以比例、轻重、缓急或反复为基础的规律形式上。这种规律的形式一般表现在反复的视觉流程中，通过各种视觉要素，规律、秩序、节奏的逐次运动达到一种韵律感和秩序感。它有等距离的连续，也有渐变、大小、长短、明暗、形状、高低等的排列构成，能增强版面的感染力，开阔艺术的表现力。（如图2-2-14至2-2-18）

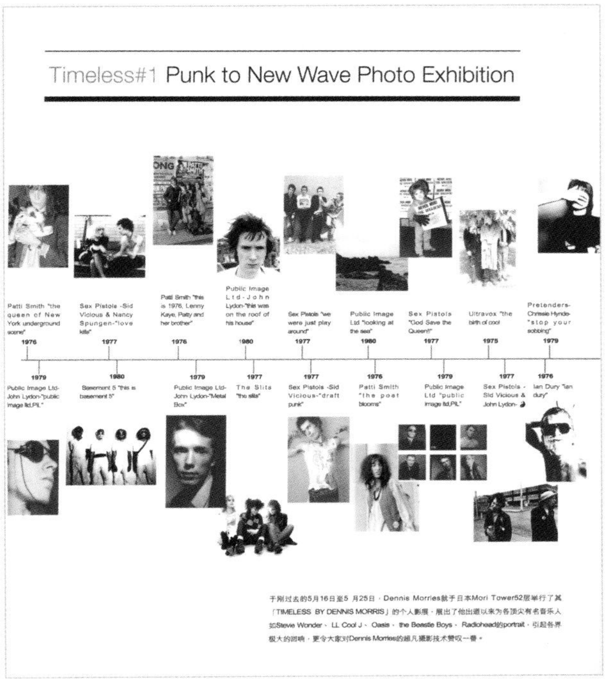

图2-2-15　杂志页面的设计中，随着时间顺序的行进，图形文字也随之引出；图片有秩序感但又高低参差不齐的编排，形成节奏感

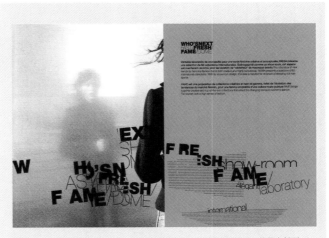

图2-2-16　正文字体大小、粗细、疏密、起伏等有变化的错落排列，使整个版面充满韵律感

图2-2-17　横向文字按照曲线排列，同时纵向的图形也按照"S"形排列，版面产生韵律

图2-2-18　文字构成的飘带韵律感十足

（四）变化与统一

变化是规律的突破，是一种在整体效果中的局部突变。这一变化，往往就是整个版面最具动感、最引人关注的焦点，也是其含义延伸或转折的始端，变化的形式可依据大小、方向、形状的不同来构成特异效果。

统一是排版设计的灵魂，它是一种组织美的编排，能体现版面的科学性和条理性。由于版面是由文字、图形、线条等组成，尤其要求版面具有清晰明了的视觉秩序美。构成统一的原理有对称、均衡、比例、韵律、多样统一等。

变化与统一看起来互相矛盾，但在版式编排设计上，没有变化也就没有统一。换个角度说，统一是版面编排设计的总体要求，而从微观要求上则是变化。在统一中融入变化的构成，可使版面获得一种活泼、动态的效果。

图2-2-19至2-2-22是一组画册的版式设计，色调、版面体量的统一使整个画册的设计整体化，局部标题字、正文字体的变化以及出血图与正文中插图形成的对比，造成视觉上的跳跃。

图2-2-22

图2-2-19

图2-2-20

图2-2-21

（五）比例与分割

比例是版面造型或构图的整体与部分、部分与部分之间数量的一种比率。比例又是一种用几何语言和数比词汇表现现代生活和现代科学技术的抽象艺术形式。

分割是版面划分，会给人理性、科学、权威的感受。在平面设计领域，分割是视觉表达常见的设计手段。

1. 较为严谨的分割大多是等形或等量的分割

等形分割要求画面被分割之后形成的形状必须完全相同。尽管这种分割有时会给视觉带来过于类似的形态构合，但只要在此基础上稍作变化就能得到优美、和谐的视觉效果。

等量分割要求在画面量度的比重关系中，被分割的图形在量度上感到相等，但形态有所不同。

色彩、明暗之间的紧密配合可以使分割后的版式编排作品获得更多的表现力。（如图2-2-23，图2-2-24）

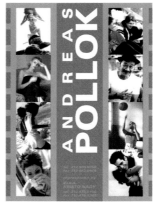

图2-2-23　等形分割与相似色的运用，使整个版面严谨、和谐

图2-2-24　版面被图形与文字分成了三部分，体量上的相同使版面显得稳重理性

2. 相似分割与自由分割

相似分割在平面设计中有两种意义上的基本限定，一种是等比数列分割，另一种是按照造型的相似性进行分割。就像将色相的类似性作为设计的主题对待，容易取得和谐的色彩效果一样。（如图2-2-25至2-2-27）

图2-2-25 网站的主页，相似形与色相上的相似使整个版面清新、明朗

图2-2-26 大小相似的圆形将版面分割成若干块，富于节奏，文字与图形都排列在圆形里，保持统一

3.黄金分割

黄金分割比率关系为1∶1.618，是几何学的优美比例。将黄金分割作为作品基本的形态要素进行构成，同样可以得到意想不到的审美效果。版式编排设计中，黄金分割是针对版面上所有元素来说的，是一种群体性的黄金比。黄金分割能求得最大限度的和谐，使版面被分割的不同部分产生相互联系。（如图2-2-29，图2-2-30）

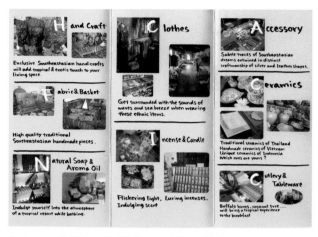

图2-2-27 三折页设计，相似的图形分割把整个版面有机地统一起来

图2-2-29 左页三幅图片的切分形成黄金比分割，文字与右边版面也形成黄金分割

自由分割的意义在于只要在整体结构上符合审美上的和谐需求，就达到了分割的设计目的，显得更加自由自在。对于版式设计来说，自由分割的随意性是高层次的审美判断。自由分割的构图重心一般不宜设在构图的正中心，采取偏倚、侧向、动感等非常方式，作品更加贴近"自由"的特色。（如图2-2-28）

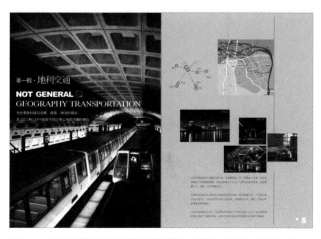

图2-2-28 版面右页错落有致的插图排列使页面自由随性，同时又与左页的大图形成对比

图2-2-30 左右分栏使整个版面形成黄金分割

（六）虚实与留白

虚实体现了画面中各个元素之间的前后、远近、主次的关系。留白是版面"虚"处理中的一种特殊手法，留白是一种轻松的感觉，引人注意。

版面中的虚实关系为以虚衬实、实由虚托，这种关系体现在版式编排设计中，造成版面的空间层次，是为了更好地集中视线衬托主题。

版面中的"虚"可为空白，也可为细弱的文字、图形或色彩，这要依具体的版面而定，为了强调主体，可有意将其他部分削弱为虚，甚至以留白来衬托主体的"实"。

1.留白与文字、图片具有同等重要的意义，有了部分的空白，图形和文字才能更好地表现，中国传统美学中便有"形得之于形外"和"既白当黑、既黑当白"之说。并不是所有读物都有大量留白，报纸杂志之类的读物留白量就少，因为它主要的功能是传达信息，而休闲抒情类读物或广告留白率较高，它带给人的是闲暇时的消遣。

2.对文字进行纤细的设计使其变虚，而与实的文字或图形产生对比，增强对主体的强调，或利用对图形中的点、线、面的设计使其有虚有实以增加空间感，这些都是设计中品位较高的设计手段。（如图2-2-31至2-2-35）

图2-2-33　整个人物图形虚化处理，强化人物的形象，留白处的字体排列有序也形成了一定的虚实关系，整体虚实相生，柔美空灵

图2-2-31　杂志页面设计，单线勾描页面上部分图形轮廓，留白增强地图的空间感

图2-2-34　大面积的留白表现出高品质与高格调，强化图形的形象

图2-2-35　版面左边的图片做出血处理，右边大面积的留白与左边图片的实形成虚实对比，段落文字的纵向排列富有韵味，具有均衡的美感

图2-2-32　画册目录设计，文字集中处理，大量留白，使整个页面具有独特的品质与格调

二、构成的空间感

（一）黑白灰

在版式编排设计中，图形与图形、图形与文字、文字与文字、编排元素与背景之间，无论是有彩色还是无彩色，都可以像素描作品一样，通过"黑白灰"的对比关系强调画面的主次，形成空间关系。在版式编排设计中，"黑白灰"形成明显的主次关系，提示读者哪些是重要信息，哪些是辅助说明。黑白为对比色，最单纯、强烈、醒目，最能保持远近距离视觉传达效果；灰色能概括一切中间色，且柔和而协调。三色的近中远空间位置，依版面具体的明暗关系而定。（如图2-2-36至2-2-40）

图2-2-36　图片与粗体标题字醒目强烈，段落文字紧密排列形成一个灰色面，置于白色背景之上

图2-2-37　文字整齐倾斜的排列，形成一个灰色面，与右页的出血图形成黑白灰关系

图2-2-38　标题与图形为黑，文字形成灰，背景为白色，形成明确的黑白灰关系

图2-2-39　图与标题字形成黑白灰的黑色部分，与小号的灰色文字、留白形成黑白灰的关系，通透且醒目

图2-2-40　大号的标题字、小号的文字与空白的区域在整个版面中形成黑白灰的关系，整体协调

对版式编排设计"黑白灰"的研究，其实是对设计作品的整体性和条理性进行把握，达到突出主体的目的。"黑"是版面的灵魂，缺"黑"显得没精神，要注重发挥黑色的刺激功能；"白"是版面的生命，缺白让人透不过气来，在版面设计时，注意空白的面积、字距、黑白对比，是形成层次的重要环节；"灰"是版面的血肉，一块缺少灰的版面，对比过于强烈，缺乏应有的可信度和信息重量感。排得太密集，心理感受很压抑；排得太稀疏，留白太多，显得松垮。版式设计的黑白灰可以把版面内容的重要程度、优良程度体现出来。

当面对一个信息主题时，首先应该对文本进行分析，依次找出标题、正文、图形和色彩，同时选择一个元素作为传递信息的关键点，是标题？是正文摘要？还是引人注目的图片？分析过后，把"黑白灰"的关系附着在这些元素之上，建立一个整体的视觉效果。

例如，在有图片的版式编排设计中，可以分析图片的明度关系，确定版式的黑白灰布局，以此来决定其他元素的明度关系。如果是纯文本，可以把文字分为标题、副标题、引文、正文、小标题等几个部分，标题的明度关系通过字号、字形、粗细、色彩来表现，正文通过字号、字形、字间距、行间距等区分不同灰度。

在图文混排的情况下，可以首先确定图片的位置与大小，然后再调整文字的位置与大小，这种方式可以适用在很多的版式设计中。中式的版面往往会体现出更多的文化特征，画面中留白处理是常见的手法之一。

如果留白过多，文字和图片要如何处理呢？

如图（2-2-41），用文字排列对留白区域进行合理分割，将图片和文字集中处理。在版式编排设计中，往往需要从小细节中体现大的风格特征，因此对于图片的选择和文字的排列都有很高要求。

（二）面积与层次

在版式编排设计中，包括图片、标题、引文、正文，都可以抽象成为"面"。为了加强整体效果，文字应当按照"面"的形式作编排。文字的群组形成面，避免版面空间自由散乱。

面积大小的比例，即近大远小，产生近、中、远的空间层次。可将主体形象或标题文字放大，次要形象缩小，来建立良好的主次、强弱的空间层次关系，以增强版面的节奏感和明快度。（如图2-2-42，图2-2-43）

图2-2-42　图片大小比例设置合理，整体近大远小，空间层次感强烈

图2-2-41

图2-2-43　段落文字形成一个灰色的面，与版面中间的图片形成主次、强弱的空间层次关系

（三）位置与层次

版面的上、左、右、下是视觉位置的主次顺序，设计时将重要的信息安排在注目价值高的位置，可以体现内容的层次关系。

1.前后叠压的位置关系所构成的空间层次。将图像或文字做前后叠压排列，产生强节奏的三度空间层次。（如图2-2-44至2-2-46）

图2-2-44　红色番茄是主体，置于画面中心，标题字与正文置于背景图片之上，前后叠压产生强烈的空间层次

图2-2-45　人物在版面中间，白色板块与粗体标题置于灰色背景图片之上，产生明确层次。白色点和面增添版面的趣味性，局部的黄色字体与线条起到提亮版面的作用

图2-2-46　标题文字置于红色板块中，叠压于蓝色风景照片之上，形成鲜明的对比，层次感，空间感很强

2.版面上、左、右、下、中位置所产生的空间层次。版面的最佳视域为视觉中心位置，并产生视觉焦点；再依次为上部、左侧、右侧、下部的视觉位置顺序。设计时，依从主次顺序，将重要的信息或视觉流程的信息点安排在注目价值高的部位，其他信息则与主体形成上左或右下的配置关系，这样所构成的空间关系，不如前后叠置手法效果强烈，但视觉注目程度高。（如图2-2-47）

图2-2-47　趣味性的插图置于版面的四角，将主体信息安排于版面中心，四周的插图与主体成遥相呼应的配置关系，视觉注目程度较高

3.疏密的位置关系产生的空间层次。在前后叠压关系或版面上、下、左、右位置关系中，做疏密、轻重、缓急的位置编排，所产生的空间层次富于弹性，同时也产生紧张或舒缓的心理感受。（如图2-2-48，图2-2-49）

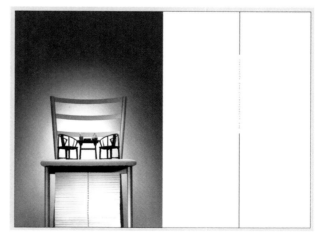

图2-2-48　右侧的文字纵向排列形成一条细线，与左页满版图形成疏密对比

图2-2-49　插图与文字紧密地排列，充满整个版面，产生一种紧张的心理感受

（四）色彩与层次

无论是彩色系还是无彩色系，两个色彩以上都有前后层次关系。一般情况下，彩色在无彩色之前，纯度高的在纯度低的之前，明度高的在明度低的之前，对比强的在对比弱的之前等。在设计中充分运用色彩的各种前后关系，层次将非常有效地产生主次感，获得更加丰富更加统一的视觉效果。

实训作业

课题：感悟设计元素和构成的形式美

目的：引导学生从不同类型的版式编排设计中，总结其共同点和不同点，发现其独特优美的版式设计是如何运用设计元素构成形式美的，培养学生敏锐的观察能力。

内容：收集资料和分析版式编排设计中的文字、图和色彩，分析构成的形式美。

要求：收集版式编排设计的第一手资料和第二手资料。按每一小组3～4人，收集同一类版式编排设计资料10个。例如书籍设计、杂志设计、报纸设计、包装设计、网页设计、广告设计、展示版面设计、产品样本设计等等，总结设计目的、设计方法和设计特色。同时注意观察版式编排设计中对色彩运用、色调的控制和主题的强调。

名家作品欣赏与分析

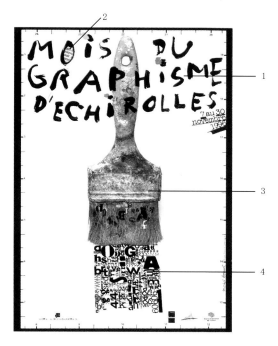

这是法国图形和招贴艺术家米歇尔·布韦的作品，构图采用"T"形。

①主题文字是横向编排的自由手写体，安排在版面上半部的主要视觉部分，手写体的排列表现出了动感与自由的气息，使整个版面由于图片和文字的不同表现而显得非常的自然轻松。

②手写字体与图片相结合，图片在文字中作为装饰为整个版面增加了乐趣，使人感到轻松与活泼。

③图形采用照片和文字图形相结合的手法，形成纵向视觉流程，形式新颖，主题突出。

④文字与图片的结合非常协调，文字色彩与图片底色的结合让我们隐约感受到了背景的动感，同时背景的动感与文字的动感也存在着内在的联系。

⑤纵横穿插的文字与图形形成对比，周围刻度的细节描绘以及文字中套用的小的图形，显示了设计师既大气又精细的设计风格。

这是波兰设计师白同异的作品，构图采用倾斜交叉形。

①文字采用倾斜式的构图，结合版面的整体氛围增加了目的的明确性，让人们一眼看去就理解了设计师的追求，并且产生一种向上发展的感觉。这种倾斜的变化感，活跃了整个版面，并使图片的主题非常协调。

红色与黑色同时存在，通过二者的关系对比产生一种动感。

②图片中设计师对花和叶进行了特殊处理，突出了探戈（Tango）双人舞蹈热烈狂放且变化无穷的激情气氛。同时图片根据版面的整体氛围排列，以突出方向性。色彩上采用红绿色相对比，使画面显得活跃。

| | C=58 | M=28 | Y=78 | K=0 |
| | R=101 | G=140 | B=91 | |

| | C=0 | M=99 | Y=93 | K=0 |
| | R=205 | G=60 | B=87 | |

这是日本平面设计家山形季央的作品，采用平衡构图。

①品牌的商标非常醒目地展示在版面的正上方，引人注目的同时强调了主题。

②放大了主体产品展示在版面的主要位置，强调其产品的平衡特点，左右对称的辅助图形与蓝色的统一色调共同体现了产品的"平衡"功效。画面清爽简洁，与资生堂国际品牌的高雅气质相吻合。

③把图片与文字组合，看似没什么联系，却用品牌把这种关系呼应得相当好，不用再多的说明，光是这种文字的表达就已经完全实现了商品宣传的目的。

C=78　M=18　Y=3　K=0
R=56　G=140　B=204

C=12　M=4　Y=5　K=0
R=231　G=245　B=249

实训作业

课题：自由裁剪中构成的形式美

目的：感受视觉要素在版面上的效果，训练提高动手能力。

内容：运用点线面与构成的形式美法则，用剪切、拼图的方式进行现代版式设计的模拟训练。

要求：制作在A4纸上，设计8幅作业。提示：尽量寻找各类不同风格的期刊、杂志、书籍、宣传单页等，将上面的图片和文字剪切下来，选择拼贴的方式，例如随机式和命题式，并进行归类。

刚开始拿到制作素材时，可以提前进行视觉感受，按照视觉习惯随意地摆放位置，理解关于视觉要素的特点，包括文字、图、色彩、肌理等。

随后可根据形式美法则进行版面的分区，把文字、图片进行设计和组合。

作业讲评：

①文字和图还可以剪切得零散一些，有利于元素的灵活使用。

②除了剪切还可以手撕，制造一些偶然性效果。

③多思考一些组合的方式，使版面更加灵活。

学生作业分别展示了均衡虚实与留白、节奏与韵律、变化与统一、对比与调和、比例与分割。

作业讲评：

①学生对黑白灰的理解容易被色彩迷惑，例如当文本呈现黑色文字时，误认为是黑色的区域，其实大面积的段落文字在版面上结合文字之间的空白，是一个灰色块面。

②版面信息过多时，不能按照分类的原则编排，而是把看到的每一个信息用色块表现，过多地关注局部，划分出来的黑白灰有过多的细枝末节，忽略了整体性。

③没有很好地对照图例进行分析，例如画面的比例失调，信息不对应，没有设置画面外围框。

实训作业

课题：梳理版式归纳层次

目的：掌握优秀版式编排设计作品信息分类的设计方法。

内容：分析优秀版式编排设计作品，归纳图形、标题字、正文等在设计中形成的外轮廓，分析形与形之间的黑白灰关系，以及形与形在空间中的位置比例，有明确的主题和主次分明的关系，对各类信息进行分类，建立信息等级。

要求：完成8幅作业，每页分析2幅，原稿与分析稿对照，制作在A4纸上。采用黑白灰色块对比的方法进行分析。

提示：

①选择较为明显的黑白灰版式编排设计。有些设计的版面本身条理性不强，如果一开始就用针对性不强的图片，学生有可能陷入误区。太简单的没有分析的必要，太复杂的又容易被各类凌乱的信息迷惑，难以分清主次，进行分类编排。

②阅读优秀版式编排设计作品的内容，分析画面，找到版面要表达的中心思想。

③可以眯起眼睛，用素描的明暗分析法来感受优秀版式设计作品的黑白灰关系。灰度有不同的明度级别，对于版面信息复杂的设计，可以选择几种灰度来表现，而黑色一定是画面上最应该突出、反映主题的部分，或许是图片，或许是标题。

④将优秀版式编排设计作品的设计元素抽象为几何图形，精练到大形，而不是细致的变化。

⑤在归纳设计时，首先应该在软件中设置图形的外框，限定分析区域，在此基础上设定恰当的比例与位置关系，用块面替代版面上的文本与图形信息，形成整体感。

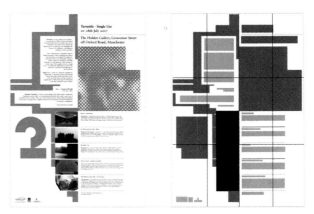

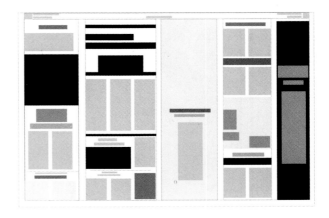

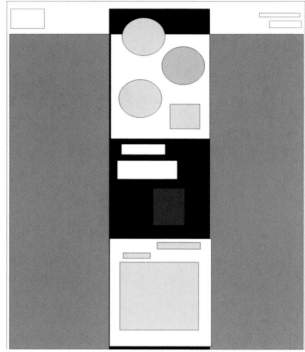

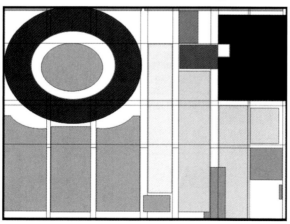

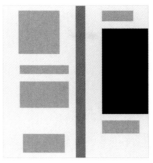

分析图

再设计后，改变了图形文字的位置，色调不变保持了原稿的黑白灰关系。

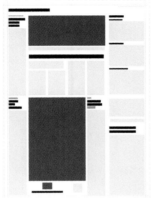

实训作业

课题：理解透彻，万变不离其宗

目的：理解版式设计重在创意。

内容：从黑白灰的角度分析优秀作品的层次，用黑白灰的关系设计版面，控制画面层次。

要求：分析一幅优秀作品的黑白灰，理出相应关系。再根据这幅优秀作品的版面，分析其中的面积、位置、色彩等与层次的关系，进行再创意设计。

再设计的版面，加大了主体的黑色面积。上一个设计，长形的图片显得内敛，与长形版面统一，视觉柔和；本设计，方形的图片更显大气与宽广，有横向的延伸感，形成了长形版面与横向图片的冲突。

色调和图形位置的变化，版式形态进行了变化，建立了黑白灰关系，黑的面积减弱，但版面边缘补充的深灰色装饰条纹平衡了这一关系。同时版式的调整，使主题的黑色部分更加集中，处在视觉中心的位置，令层次更分明。色彩的变化使画面在冷静中充满奢华。

作业讲评：

原稿

[重点提示]

提示：注意原图的色调分析，黑白灰分析，图、文字和底的面积分析，构图分析，再设计就有依据。

这个设计对原稿位置、色彩、面积都进行了改变，适当的留白使空间感更强。

第三章 版式编排设计中的文字

CHAPTER 3

学习目标

　　文字是视觉设计元素之一，在版式编排设计中起着重要的作用。版式编排设计中可以没有图和色彩，但很少没有文字。通过学习和训练，本章在让学生充分了解文字的特点、掌握文字在版式设计中各种表现技巧、突出文字的字体字号，特别要根据内容了解文章编排的多种形式和常用方法，为整体版式编排设计打好基础。

文字的基本要素
文字的运用原则
文字的处理
文字的编排流程
文字的编排要点

第一节 文字的基本要素

一、文字的分类与特征

字体的设计，是版式设计的基础。在版式编排设计中，选择两到三种字体最佳，少了会单一乏味，多了则会零乱缺乏整体。在众多的字体中，主要有印刷体、书写体、手绘美术字三大类型。

在目前的印刷行业中，中文常用的字体主要有宋体、黑体、仿宋体、楷体四种。在广告宣传中为了达到醒目的效果，又出现了综艺体、隶书体、准圆体、琥珀体等（如图3-1-1）。

（一）常见的汉字印刷体

宋体：是应用最广泛的字体，起源于宋朝。宋体横竖对比强烈，横画和竖画在连接和转折处都有钝角，点、撇、捺、挑、勾的最宽处与竖画粗细基本相等，并且坚挺

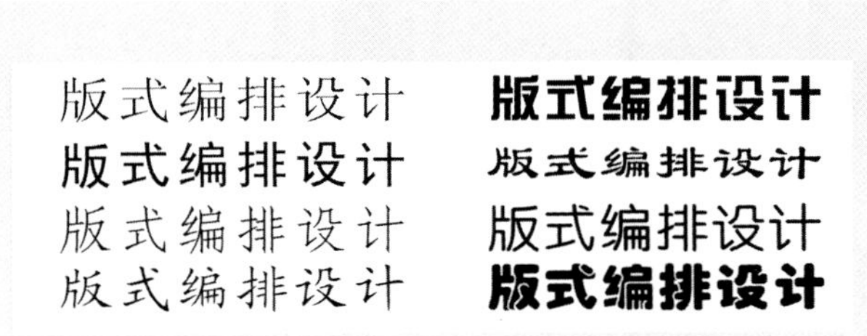

图3-1-1   常见的汉字印刷体

图3-1-2   罗马体

图3-1-3   现代罗马体

图3-1-4   方饰线体

图3-1-5   无饰线体

有力。所以有句话这样形容宋体："横细竖粗撇如刀，点如爪子捺如扫。"

黑体：又称线体、方体，横竖粗细一致，方头方尾，连点、撇、捺等副笔画也都是方头，除起笔和收笔向外微张外，整个字体笔画没有任何装饰。黑体笔画造型单调缺少变化，但醒目，具有强烈的视觉冲击力，适用于标题或需要引起注意的醒目词语。

仿宋体：是一种采用宋体结构、楷体笔画的较为清秀挺拔的字体，笔画横竖略粗细均匀，整体结构瘦长，日常书写方便。常用于排印副标题、诗词短文、批注、引文等，在一些读物中也用来排印正文部分。仿宋体被国家指定为机械制图使用的标准字体、中文打字机所采用的字模及电脑中使用的主要字体。

楷体：又称活体、楷书、正书、真书，是一种模仿手写习惯的一种字体。始于汉代，盛行于魏晋南北朝，鼎盛于唐朝，形体方正、笔画平稳、结构对称、章法整齐、可做楷模，故名楷书。被广泛地用于学生课本、通俗读物、批注等。

综艺体：在黑体基础上通过统一的规范笔画造型而形成的新的字体，综艺体将黑体的部分笔画，如点、撇、提、捺等做水平处理，刚中带柔、视觉醒目，装饰性和可识别性很强，所以一般多用于广告宣传设计。

隶书：起源于汉朝，并逐步演化出印刷隶书。隶书是汉字中常见的一种庄重的字体，书写效果略微宽扁，横画长而竖画短，讲究"蚕头燕尾""一波三折"。其结构笔画活跃，常用于比较轻松的书籍内容，适合于古诗词或者女性文字等表现不太激烈的内容的文字方面。

准圆体：又称圆等线体，保留了黑体的骨架结构及横竖粗细一样的特点，只将笔画的方头方尾改为圆头圆尾。整个字体感觉比较时尚，通常用作广告大标题、产品说明书及书刊中的正文。

琥珀体：字形圆润饱满，新颖活泼，结构错落有序，粗而不重，胖而不臃，适用于书、报、杂志和各种印刷品的标题及广告装饰用字。

（二）常见的拉丁文字印刷体

罗马体：字体与柱头相似，秀丽、高雅，与汉字的宋体结构相似。应用广泛，多用于正文部分。（如图3-1-2）

现代罗马体：是古典主义字体，粗细笔画对比强烈。字体的风格特点是严肃、有机械感，适合于科技类书籍使用。（如图3-1-3）

方饰线体：特征明显，上下饰线大而方厚，很像古埃及神殿大圆柱的柱头，给人凝重的感觉，连续排列时如同

车辙的痕迹，视觉效果突出，常用于标题。（如图3-1-4）

无饰线体：也叫现代自由体，笔画粗细一致，结构特点与汉字的黑体类同，笔画无装饰。特点是简洁、庄严、大方，具有现代感，常用于标题。（如图3-1-5）

（三）书写体

书写体是在能够快速书写的民间手书体的基础上装饰加工而成的，也是斜体进一步发展的结果。与其他字体相比，它能够较多地显露设计者的特殊风格和工具性能（钢笔、毛笔、油画笔和炭笔等）。它的特征是有着倾斜的角度和能表现出运动的姿态，是一种活泼自由、号召力很强的广告字体。现代汉字的书写体主要有以下几种：行书、草书、艺术体。

行书："行"是"行走"之意，行书始于东汉末年，在楷书的基础上产生介于楷书、草书之间的一种字体，为了弥补楷书的书写速度太慢和草书的难于辨认而产生。因此，易书写、易辨认也就成了行书的特点。楷法多于草法的叫"行楷"，草法多于楷法的叫"行草"。（如图3-1-6）

草书：形成于汉代，为书写简便在隶书基础上迅速产生，是草隶、章草、今草、狂草的统称。特点是结构简洁笔画连绵。作为规定性字体，一般先有正体，然后因手性不同产生书写草体。作为进化和规范化要求，又是先有了草体，然后再转化为正体。因为草体迎合了广大文字使用者的从简从速、省时省力的心理要求，所以总是受到欢迎和广泛普及。这也正是草体经久不衰的直接原因。草体是生命力很强、推动力很大的书写形式。（如图3-1-7）

艺术体：是经过专业的字体设计师艺术加工的汉字变形字体，字体特点符合文字含义，具有美观有趣、易认易识、醒目张扬等特性，是一种有图案意味或装饰意味的字体变形。艺术字能从汉字的义、形和结构特征出发，对汉字的笔画和结构作合理的变形装饰，书写出美观形象的变体字。艺术字变体之后，千姿百态，是一种字体艺术的创新。艺术字广泛应用于广告、商标、标语、黑板报、企业名称、会场布置、展览会、商品包装和装潢，以及各类广告、报纸杂志和书籍装帧，越来越受到大众的喜欢。（如图3-1-8）

（四）手绘美术字体

POP，是英文Point Of Purchase的缩写，意为"卖点广告"，其主要商业用途是刺激引导消费和活跃卖场气氛。近年来流行的POP手写广告字体，字形新颖、造型独特，富有时代感和创造性，较容易被大众所接受，是商家、超市最常使用的一种书写便捷、生动形象、醒目夸张的宣传字体。（如图3-1-9）

字库字体种类繁多，选择合适的字体进行版式设计尤为重要，设计师应反复斟酌，不可随意使用。笔画复杂、字形过于生动活泼的字体不适于排印正文，否则就容易使阅读者产生视觉疲劳。再如有些变体字体本身就存在间架

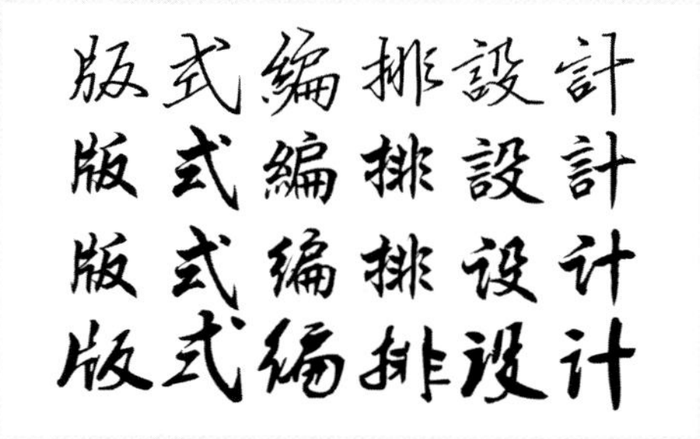

图3-1-6　行书

图3-1-7　草书

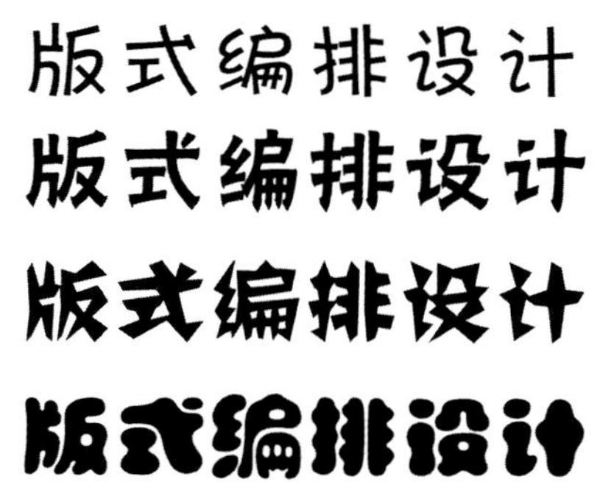

图3-1-8　卡通体、艺黑体、剪纸体、胖头鱼体

图3-1-9　POP手写广告字体

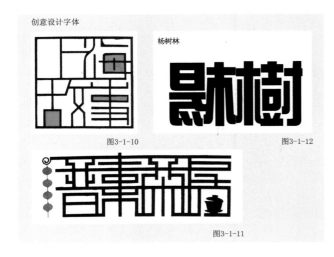

创意设计字体

杨树林

图3-1-10

图3-1-12

图3-1-11

结构失调、笔画不统一、缺乏美感等问题，使用这类字体只会对整体版面起到破坏作用，因此选择字体应当谨慎。字体的选择要服从作品的整体风格特征，否则就会破坏文字的诉求效果。文字个性有很多，例如：端庄秀丽、格调高雅、华丽高贵、坚固挺拔、简洁爽朗、现代感强、深沉厚重、具有重量感、庄严雄伟、欢快轻盈、跳跃明快、节奏韵律感强、苍劲古朴、新颖独特等。

（五）创意设计字体

创意设计字体是对文字的形态、笔画、结构、形式与表达内容进行的一种探求活动。首先要理解文字的内容，然后将想象力和创意注入字体设计中，使文字以一种最完美的形式有效、有力、直接地传达出设计意图。大多数版式设计中，设计师在文字上所花的心思和工夫最多，因为文字能直观地表达设计师的意图与想法。文字上的创造设计，直接反映出平面作品的主题。因为创意字体在形式上比较自由，不受约束，形式新颖、手法夸张、视觉冲击力强，所以被设计者广泛应用于版式设计中。（如图3-1-10至图3-1-12）

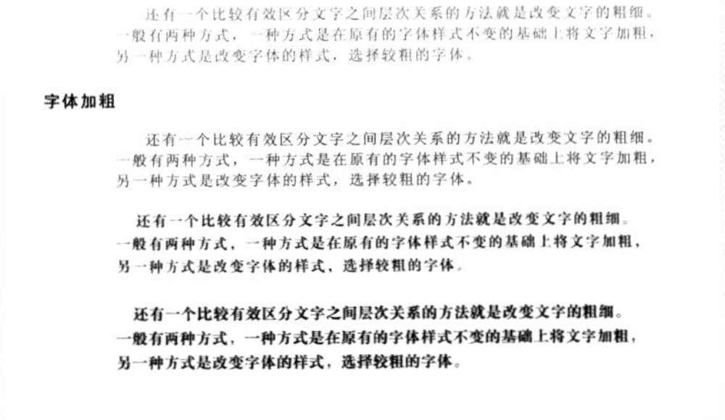

字体原稿

还有一个比较有效区分文字之间层次关系的方法就是改变文字的粗细。一般有两种方式，一种方式是在原有的字体样式不变的基础上将文字加粗，另一种方式是改变字体的样式，选择较粗的字体。

字体加粗

还有一个比较有效区分文字之间层次关系的方法就是改变文字的粗细。一般有两种方式，一种方式是在原有的字体样式不变的基础上将文字加粗，另一种方式是改变字体的样式，选择较粗的字体。

还有一个比较有效区分文字之间层次关系的方法就是改变文字的粗细。一般有两种方式，一种方式是在原有的字体样式不变的基础上将文字加粗，另一种方式是改变字体的样式，选择较粗的字体。

还有一个比较有效区分文字之间层次关系的方法就是改变文字的粗细。一般有两种方式，一种方式是在原有的字体样式不变的基础上将文字加粗，另一种方式是改变字体的样式，选择较粗的字体。

图3-1-13

在版式设计中，文字作为页面的形象要素之一，具有传达情感的功能，因而它必须具有视觉上的美感，能够给人以美的感受。字形设计良好、组合巧妙的文字能使人感到愉快，留下美好的印象，从而获得良好的心理反应。反之，就难以传达作者的意图和构想。一般初学者对文字的使用没有经验，设计作品时，一个版面内会同时出现多种字体，使设计显得复杂和凌乱。所以说，在同一版式设计中，即使有很多种不同层级的信息，字体的使用也不宜过多，使用两三种不同的字体足够了。在选用的字体中，我们可以通过对文字的字号、颜色以及同字形但不同笔画粗细的字体，拉长、压扁或调整字距，就能产生丰富多彩的视觉效果。同时，正文字体一定要考虑到文字的传播功能，字体的大小、清晰度都要符合方便阅读的基本要求。

选用字体必须考虑到字体的清晰度以及字体造型是否与传达内容和版面整体效果相配。

有效区分文字之间层次关系的方法就是改变文字的粗细。一般有两种方式，一种是在原有的字体样式不变的基础上将文字加粗，另一种是改变字体的样式，选择较粗的字体。（如图3-1-13）

二、字号、字距、行距

（一）字号

字号是表示字体面积大小的术语。在计算机中，通常表述字体大小的衡量单位有号数制、级数制、点数制。号数制是汉字的字号，即我们通常所说的从八号到初号的级别计量单位，包括八号、七号、小六、六号……小一、一号、小初、初号。"数值"越大，字越小，所以八号字是最小的，初号字是最大的。级数制是把字体面积大小以正方体为基准，以级（K）为单位（1K=0.25mm），那么100级字就是边长为25mm的方字。点数制是国际上通用的标准制度，以拉丁字母的大小为衡量标准，点既是"磅"（p），每点等于0.35mm。 数值越小，字符的尺寸越小；数值越大，字符的尺寸越大。

字号的使用没有特别的规定，应根据出版物的需要来安排字号的大小。通常情况下，标题字的大小一般以14磅以上为宜；正文用字一般为10～14磅；词典、字典等工具书的字号相对较小，一般为5～7磅；低龄幼儿读物字号必须放大到18磅以上；32开本小说字号为12磅；报纸、杂志的字号多为7磅。字号大小的确定，主要依据读者对象和出版物的性质来确定。市场上有个别小说，整本书采用20磅的字号，还有32开《靳埭强全球华人大学生平面设计比赛》采用6磅的较小文字。此类个性鲜明的书虽不常见，但设计好的，读者认可，有条件的话可以多加尝试。关键是尺度的把握，否则不仅加大成本，还因比例失调造成视觉的不适应，就成了失败的作品。

选择字号应把握粗大字体视觉冲击力较强、细小字体能够引导实现连续性的特征。现代版式设计中，细小文字构成的版面，给人以整体、现代、雅致的感受。

当在黑色、深色底上放置白色文字时，字号不应小于6磅，因为视觉上反白的效果使字体看起来比本身要小，所以可以适当增加字的粗度以及字距、行距。

粗排过程中，每个层级的文本字号应该基本确定，这对于形象画册、书籍装帧设计来说尤为重要，因为这种多页的设计物需要在文字上有统一的视觉风格，每个层级的文本元素应该在不同版面上保持相同或统一的视觉风格。我们可以通过文字的字号、色彩以及同字形但不同笔画粗细的字体来加以分类。标题、引言、正文、图注之间的字号大小设定，应本着对比与协调的原则，这样才能方便不同层级之间信息的区分，同时也能营造出版面文字的节奏感。版面整体比例关系，应该要把各个层级之间的轻重关系体现出来，也就是让文字突出但不唐突，弱化但要可见。（如图3-1-14）

（二）字距、行距

字距是单个字符之间的距离，行距是文字段落以及行与行之间的距离。字距与行距的把握是设计师对版面的心理感受，也是设计师设计品位的直接体现。一般的行距的常规比例应为：用字8点，行距则为10点，即8：10。但这并不是绝对意义上的比例，应根据具体情况而定。对于一些特殊的版面来说，字距与行距的加宽或缩紧更能体现主题的内涵。

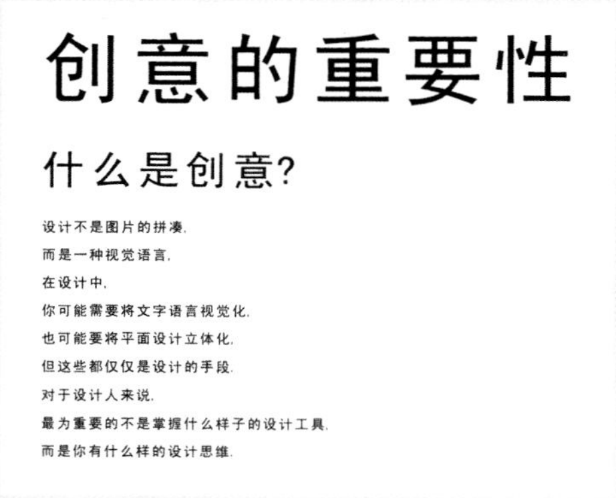

汉字方方正正，在版式设计中非常容易出现呆板、沉闷的视觉效果，通过调整字距和行距，使受众在阅读中难以察觉字间与行间的间隔偏差，形成整体感，但这样不易于阅读。字距和行距二者之间有着密切的联系。从阅读的流畅性角度看，行距必须大于字距，否则就会造成文字阅读的不连贯。然而，现代版式设计中，为了故意造成局部文字阅读的艺术性，有时也采用行距等于字距或行距小于字距的设计手段，生成耐人寻味的视觉奇效。

单个汉字在设计中是一个个"点"，汉字的编排就是把这些点连成我们需要的线、面、体块，让它为设计服务。有时也可以夸张字距，让字距超常地宽，让文字在设计中起到"点"的作用。做一些大气的版面时，为了体现视觉张力，会把文字行距处理成超常的宽或窄，以加强每行字在版面中的作用力。行距的宽窄关系到版面的美观和阅读的流畅性。如果字行长、字号大，行距应该宽大，否则容易造成阅读窜行或者视力障碍。（如图3-1-15）

总之，无论采用严谨传统的手法，还是突破设计，调整字距和行距可以为版面提供更加灵活、富有感染力的表现形式，但前提是不要牺牲可阅读性。

外文字母有多种外形，而且区分大小写。要为上下有延伸的字母留有足够的行距，以免文字粘连、视觉混乱。每行的长度一般在52个字母左右，少于30个字母，会打断阅读、会有很多停顿，尤其遇到较长的字母有可能频繁使用连字符，或系统默认下的单词之间的间隔不均匀。由于英文多数使用句首没有空格的排列方式，要注意字间距的调整。当字距大于行距时，会出现一条条垂直或倾斜的空白，这种状况在齐行文字中较多见。许多字体在默认状态下的字距本身就过大，可以设置为正常间距的80%或60%，形成较为紧凑的效果。

三、文字的对齐

（一）左右齐整

文字段落到版面左端与到右端的长度均齐，字群端整、严谨、美观，可横排也可竖排。左右齐整形成一个工整的灰面，适用于报纸、杂志等注重黑白灰效果的情况。（如图3-1-16）

（二）齐左、齐右、齐上、齐下

向左或向右取齐，行首自然产生一条垂直线，能起到吸引视点的作用。一般情况下，向左对齐符合人们的阅读习惯，容易产生亲切感，受众可以沿着左边垂直轴线很方便地找到每一行的开头，右边可长可短，右边的空白使整个段落显得很自然，给人以优美、愉悦的节奏感（如图3-

创意的重要性

什么是创意?

设计不是图片的拼凑,
而是一种视觉语言.
在设计中.
你可能需要将文字语言视觉化.
也可能要将平面设计立体化.
但这些都仅仅是设计的手段.
对于设计人来说.
最为重要的不是掌握什么样子的设计工具.
而是你有什么样的设计思维.

图3-1-14

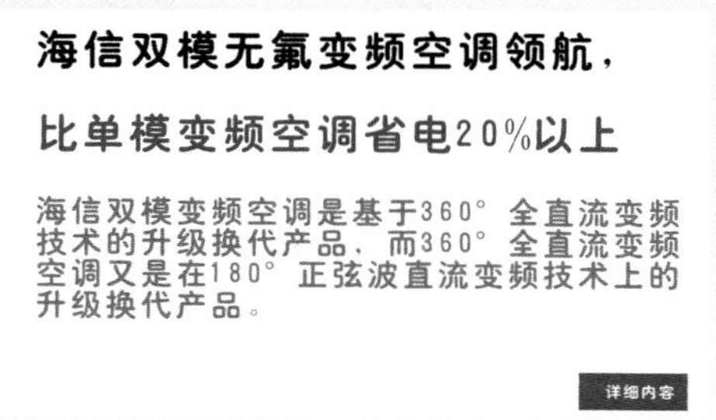

海信双模无氟变频空调领航,

比单模变频空调省电20%以上

海信双模变频空调是基于360°全直流变频技术的升级换代产品。而360°全直流变频空调又是在180°正弦波直流变频技术上的升级换代产品。

详细内容

图3-1-15

图3-1-16 版面中运用相同的字体、不同的字号，形成左右齐整的效果，在版面中形成一个灰面

1-17，图3-1-18）。 向右对齐的格式只适用于少量设计，因为每一行初始部分的不规则增加了阅读的时间和难度。但是向右对齐更强调突破，使版面在视觉上新颖。无论向左还是向右，这种排列方式都有松有紧、有虚有实，容易产生一种跳跃的节奏感（如图3-1-19）。

齐上就是文字段落的顶部对齐，在古文或者一些竖排文字中一般多采用齐上的对齐方式；齐下是相对于齐上来说的，就是文字的底部对齐。

（三）中齐

版面有明显的中轴线，文字段落以中心为轴线编排，使得版面的视线更为集中，突出中心，阅读起来感觉轻松随意。

但是齐中方式不易于阅读，在正文篇幅较长的情况不

图3-1-18 段落文字均齐左，斜向排列、疏密变化形成秩序感和韵律感

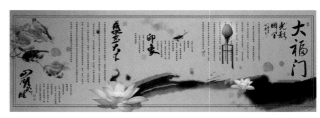

图3-1-19 中式排版，竖排文字采用齐上的对齐方式

图3-1-17 段落文字均齐左，疏密变化形成秩序感和韵律感

图3-1-20 右页文字以中心为轴线排列，与图的搭配独具特点和韵味

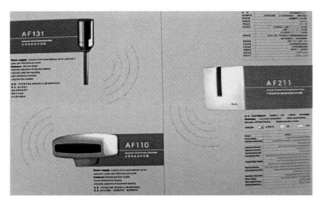

图3-1-24　版面中文字与图形相映成趣，相互围绕，灵活生动

图3-1-21　版面中心主要文字采用中齐方式

建议使用，其更多出现在古典排版，例如诗歌等短小、精干、活泼的文本形式。（如图3-1-20，图3-1-21）

（四）图文穿插

图文穿插多表现为文字绕图穿插。文字编排直接围绕图形边缘排列，是比较常见的编排手法，给人亲切之感，版面比较生动融洽（如图3-1-22）。当图片的放置有可能打破平衡时，那么文字的存在就起到关键作用了。特别是当文字作为小的图形使用时，其平衡感往往能起到非常大的效果（如图3-1-23）。小图的出现有一种不安全感，使版面种失去平衡。文字特别是以倾斜体出现时，对整个版面的平衡起到重要的支撑作用，同时也活跃了整个版面的效果（如图3-1-24至3-1-26）。

图3-1-25　近似的图形与文字有效地结合，有亲切融洽之感

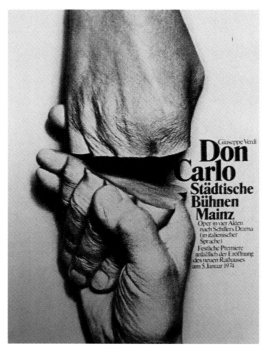

图3-1-22　正文围绕图片的边缘排列，使得版面打破了沉闷的秩序

图3-1-23　标题文字围绕中心人物，略有重叠，突出主题

图3-1-26　文字与创意图形的焦点相围合，引起关注

第二节　文字的运用原则

一、易读性

易读性是文字的主要功能。设计中的文字应避免繁杂零乱，应使人易认、易懂。切忌为了设计而设计，忘记了文字设计的根本目的是为了更有效地传达作者的意图，表达设计的主题和构想意念，传达给受众信息。所以在设计时必须考虑文字的整体诉求效果，给人以清晰的视觉印象。

运用字体和任何设计一样，目的是为了特定的用途而提出一个解决问题的办法，因此字体必须具备一定的识别性与易读性。文字因阅读而产生，为阅读设计的文字如果为了所谓"美感"而失去了功能，便是本末倒置。无论字形多么地富于美感，如果失去了文字的可识性，这一设计的易读性无疑是失败的。字体的字形和结构也必须清晰，不能随意变动字形结构、增减笔画使人难以辨认。避免使用不清晰的字体，否则容易使阅览者产生反感和麻烦。如果在设计中不去考虑这一点，单纯追求视觉效果，就会失去文字的基本功能。所以在进行文字设计时，不管如何发挥，都应以易于识别为宗旨。

易读性与字体的尺寸、行宽和行距这些元素都有着千丝万缕的关系。一行最适宜编排30～36个汉字，拉丁字母是60～72个，如果超过这一标准的话，容易产生视觉疲劳。相反，如果一行没有达到标准长度，就会打破阅读的连贯性。顺序是保障文字易读性的另一因素，文字本身有其固有的顺序。在编排时要注意影响字体易读性的因素有：字体粗细大小、字行长短、字距、行距段落间隔等。

在使用拉丁文字字体时，应注意如果采用大篇幅的文章，通篇使用大写字母会造成阅读上的困难。

二、统一性

文字在画面中的安排要考虑到全局因素，不能有视觉上的冲突，否则在画面上主次不分，很容易引起视觉顺序的混乱。在选择字体时，一定要注意字体的统一性。可以选择的字体有很多，这给了设计者很大的创作自由来表现灵感；各种字体有其不同的风格，设计者应多观察分析才能充分了解字体所表现的风格，是对比还是统一。我们应该注意选择适当风格的字体，尽量做到大统一、小对比，使版面文字既有变化美又有和谐美。

在同一版面中，不同内容的文字选用三种以内的字体为版面的最佳视觉效果，这基本保证了大统一、小对比的视觉关系。超过三种就显得杂乱，难以统一，缺乏整体感。要达到版面视觉上的丰富与变化，只需将限定的字体加粗、变细、拉长、压扁，或调整行距的宽窄，或变化字号大小。绝大多数情况下，版面中字体种类使用越多，统一性越差，整体性也越差。文字一定要和图片的意境以及要表达的氛围吻合。

三、艺术性

文字在视觉传达中，作为画面的形象要素之一，具有传达感情的功能，因而它必须具有视觉上的美感，能够给人以美的感受。人们对于作用其视觉感官的事物以美丑来衡量，这已经成为有意识或无意识的标准。满足人们的审美需求和提高美的品位是每一个设计师的责任。在文字设计中，美不仅仅体现在局部，而是对笔形、结构以及整个设计的把握。创造出更富表现力和感染力的设计，把内容准确、鲜明地传达给观众，是文字设计的重要课题。西方字体种类之多，对于字体笔画的变化、空间的运用、风格的选取等等，都是可借鉴的，取其可用之处与汉字结体整合，创造出新字体。

优秀的字体设计能让人过目不忘，既起着传递信息的功效，又能达到视觉审美的目的。简洁的文字编排与强烈的表现力相结合，这既使信息清楚易懂，又趣味横生；相反，字形设计丑陋粗俗、组合零乱的文字，使人看后心里感到不愉快，视觉上也难以产生美感。文字是视觉媒体中的重要构成要素，文字排列组合的好坏，直接影响着版面的视觉传达效果。

根据主题的要求，极力突出文字设计的个性色彩，创造与众不同独具特色的字体，给人别开生面的视觉感受，将有利于社会、企业和产品良好形象的建立。在设计时要避免与已有的一些设计作品的字体相同或相似，更不能有意模仿或抄袭。在设计特定字体时，一定要从字的形态特征与组合编排上进行探求，不断修改，反复琢磨，才能创造富有个性的文字，使其外部形态和设计格调都能唤起人们的审美愉悦感受。因此，文字设计是增强视觉传达效果，提高作品的诉求力，赋予版面一种重要审美价值的艺术创作。

第三节　文字的处理

一、文字的强调

（一）标题字

标题字是文章的关键元素，是文章的题目，凝聚了文章的主旨和最精彩的部分，有引人注目、引起兴趣、诱导阅读正文的作用。很多文章可以没有插图，但一定会有标题字，设计者应该特别注意对标题字的设计。设计标题字要结合文章的内容，这样能够更加贴近主题，使得标题与文章有连贯性。标题字不仅在为文章内容服务，也要为图片和整个版面服务。设计时要根据主题配合图形选用不同字体字号，引导受众视线从标题转到图、正文上。

标题字最能传达整个版面的信息内容，首先要根据文章的内容选择字体，简单的可直接选择印刷字体以及它们的变体，可以放大字号、加粗字体笔画，或选用跳跃的颜色，也可以设计出合适的个性字体，增强文字的跳跃率和阅读率。这样就能吸引读者的眼球到版面的中心视点上，让读者一下就能抓住设计的主题精神，增进阅读兴趣和信息传达力。除了考虑字体的个性以外，字体大小也是关系版面整体效果的第二重要因素，它直接影响版面空间的平衡和美感。适当大小的标题会第一时间吸引观众，而较小的字体注目度会较低，但是却会给人以精致的感觉。标题与正文的字体大小反差越大，显得越活泼、醒目、有力，反之则显得柔和、雅致。但标题字的形式不能一味追求特别和新潮，不能降低识别性，应该让人一目了然。

标题字设计有以下几种特别的方法：

1. 标题的位置和构成方式要与内容风格统一。传统的标题编排方式是将多级标题放在正文前面，以达到正规、严肃的效果。页面中对于标题的位置来说，如果仅限于墨守成规的处理方式，就会丧失页面的趣味性。可以通过移动标题的位置使页面发生一些变化。（如图3-3-1至3-3-3）

2. 在标题字体设计的背后加上相应的装饰形成背景，

图3-3-2 标题字逐个叠加，置于产品小图阵列之中，使用白色与图形一致，和背景产生反差，明快且识别性强

图3-3-3 将产品放到最抢眼的位置，通过标题文字的错落排列，将视觉中心放在文字与产品之间，标题字采用简洁明快的白色粗体，置于视觉的第一层面

文字与图形相关联，以补充字的内涵，起到烘托字体的作用（如图3-3-4）。注意背景只是起到装饰作用，决不能与主体文字相冲突，更不能画蛇添足或喧宾夺主，那样反而会起到相反的作用。

3. 为标题制作肌理效果，即在字体本身进行装饰，注意所加的装饰不能干扰构字线条，更不能将字干扰得看不出本字形来。这类字体往往在字的笔画中进行加饰纹样，所加饰的纹样要与字的本意相适合。（如图3-3-5）

4. 为标题制作立体效果，可以通过底色的深层关系，为标题文字增加一个层次，也可以直接用作图软件生成立体效果，体现文字的空间感或角度、厚度等。（如图3-3-6，图3-3-7）

图3-3-1 标题字反常规放置，给读者新颖别致的感觉，但要注意不能损失导读的功能。设计时，可以将版面居中、横向、竖向或者页边放置，或者直接放在一段文字的内部，甚至可以与图片巧妙地结合到一起，使标题和版面妙趣横生

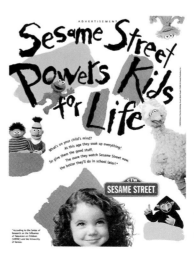

图3-3-4 整个版面通过对图片的大胆裁切体现出活泼的风格，在标题字后加上与版面相协调的色块，起到烘托字体与装饰的作用

（二）首字

首字强调是将正文的第一个字或词放大，是当今比较流行的设计方法。此技巧的发明溯源于欧洲中世纪的文稿抄写员，由于它在文体中起着强调、吸引视线、装饰和活跃版面的显著作用，所以这种技巧被沿用至今（如图3-3-8）。

下沉式是目前行首强调中使用最广泛的手法，即把正文里的第一个字、词放大并与首行上对齐，其下坠幅度应跨越一个完整字行的上下幅度（如图3-3-9）。放大的量度，依据其页面大小、文字的多少和所处的环境而定（如图3-3-10，图3-3-11）。

（三）关键字

通常在版面正文编排中，通过对字体字号的变化、色彩的变化及添加辅助图形衬托文字的办法，突出所要强调的关键字，与正文形成对比产生层次关系，可以丰富版面效果，突出主题。（如图3-3-12至3-3-14）

二、文字的装饰

文字的装饰，可以让枯燥的文本产生较好的趣味性。版式设计是很严谨的工作，但有时太严谨就会呆板。电脑技术有很多的特殊效果可供我们选择，比如首字下沉、文本阴影、文本绕图、任意形状的文本框等这些效果。除了使用电脑提供的字体效果外，很多时候我们需要创造一些编排效果，以体现版式设计的特别意图。比如，颠覆传统的编排习惯让自然段之间有意识地错开，设置特殊的文本块的摆放角度让文字同时具有图像的效果，等。但不管何种效果，最多同时使用两种，时时刻刻都要关注版面的整体美感，不能只顾使用各种手段而破坏整个版面，造成杂乱无章的结果。

图3-3-8　左页中多次使用中文的首字强调

图3-3-5　标题的绒毛肌理效果与页面边框的处理相一致

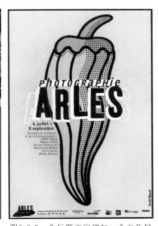

图3-3-6　整个版式十分灵活，版面中为标题文字增加了立体效果，并巧妙地结合了图片的表现，使整个版面异常活跃，富有趣味

图3-3-7　为标题文字增加一个白色层次，很好地达到了标题文字的立体效果；整个版面色调统一，通过色彩的微弱变化加以点状的虚实肌理效果，呈现出黑白灰的色彩关系

图3-3-9　文字采用首字下沉，错落有致　　图3-3-10　英文文章的首字下沉，引领读者的阅读

（一）字与图同形

字图同形，历来是设计师们乐此不疲的创作素材。中国历来讲究书画同源，文字本身就具有图形之美而达到艺术境界。以图造字早在上古时期的甲骨文就开始了，至今其文字结构依然符合图形审美的构成原则。世界上的文字也不外乎象形文字和符号文字形式、字和文字图形的双层意义。

1.图构成文字，是以图形为文字的一种语言。文字是用来记事的，人类最先用来记事的文字是图形式的象形文字。文字的重叠、放射、变形等形式在视觉上产生特殊效果，给图形文字开辟了一个新的设计领域。（如图3-3-15至3-3-17）

2.文字构成图，就是将文字作为最基本单位的点、线、面出现在设计中，使其成为版式设计的一部分，甚至整体达到幽默趣味、图文并茂、别具一格的版面构成形式。这是一种极具趣味的构成方式，往往能起到活跃人们视线、产生生动妙趣的效果，使版面产生新的生命力。当文字图形化后，往往会影响文字本身的信息传达功能，所以必须把握好分寸，找到两者的平衡点。（如图3-3-18至3-3-22）

图3-3-14 关键的文字做字体与色彩的变化，提示了版面重点，传递关键信息

图3-3-11 巨大的首字下沉使得读者更快地被吸引

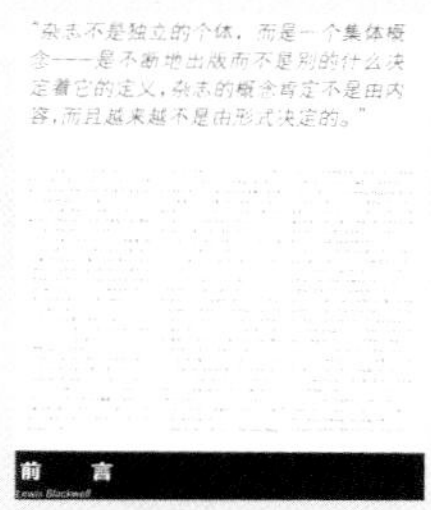

图3-3-15 把与主题有关的图形组合为文字做版面的主要元素，形式感强，并且加强了主题的传达

图3-3-17 巧妙地运用红色折纸元素构成文字，在视觉上产生特殊效果

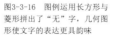

图3-3-16 图例运用长方形与菱形拼出了"无"字，几何图形使文字的表达更具韵味

图3-3-19 把主要文字设计成心形的图形，虽然弱化了文字的阅读性，但世界通用的图形语言已经传达出文字的主题

图3-3-12 文章中把关键的文字提炼出来，置于上方，丰富版面，突出主题

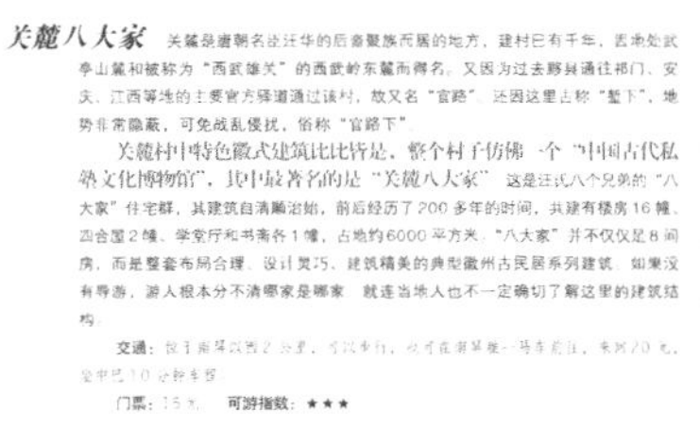

图3-3-13 文章中把关键的文字放大处理，突出文章的关键部分，让读者第一时间阅读到最关心的内容

图3-3-18 用文字组成可口可乐瓶外观图形

（二）字与图间添加元素

在图形和文字间增加一些小图案，使之相互呼应，对于连接两部分的内容也起到一定的作用。特别注意的是传统风格的版式设计十分注重传统元素的运用，陶瓷、书法字、祥云、印章、水墨、灰瓦墙等都是设计传统风格作品不可缺少的重要元素。此外，在传统的图形和文字间加入一些排列有序的英文，会使整个版面显得时尚。（如图3-3-23至3-3-26）

图3-3-20　　图3-3-21　　图3-3-22

图3-3-20　图3-3-21　图3-3-22　文字元素与人物头像结合排列在一起组成文字群体，完美诠释主题的同时，扩展了文字组合的视觉美感

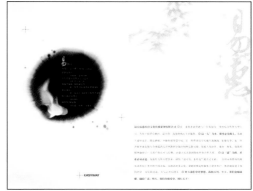

图3-3-23　　　　　　　　　图3-3-24　　　　　　　　　图3-3-25

图3-3-23～3-3-25　图形与文字的组合编排，加入了水墨效果，衬托了中国传统文化的主题

三、文字的组合

这里讲的文字的组合主要指版面中标题与引文等的组合，是文字艺术性处理的重要手法，大篇幅的正文更讲求阅读的合理性，所以一般不建议运用此方法。多种信息的文案组合成一个整体，可以有效避免空间版面的散乱状态，也使版面节奏更丰富。

根据文字的主次地位，我们在版面设计时，常常会运用大小不同的文字。在组合这些文字时，首先要确定好层次关系，在保证层次关系的前提下，进行字号或字距或位置的变化，达到更具艺术性的整体效果。常用的方法有：

（一）对齐法

对齐法，即依照文字的对齐形式将两种以上大小不同的文字对齐的方法。（如图3-3-27，图3-3-28）

（二）嵌入法

嵌入法，即将小文字嵌入到大文字的空间当中，或替代某一笔画的方法。（如图3-3-29）

（三）延伸法

延伸法，即沿着大文字的某一特征或方向进行小文字延伸排列的方法。（如图3-3-30）

图3-3-26　中国书法文字与京剧人物的均衡式构图，充分反映了中国传统文化的主题

图3-3-27 标题与引文产生多个层次的对齐组合

图3-3-28 即使没有色彩，文字的多样化组合也为版式增色

图3-3-29 黑色标题内嵌入白色小文字

图3-3-30 小文字围合在大文字的造型弧线上

第四节 文字的编排流程

文字编排时遵循的一般流程是：理解—分类—粗排—精确细排—校对。

标题选用何种字体？多大字号？横排还是竖排？这些是设计师对文章内容的理解和再创意设计，同时反映整体版面的气质，用合适的文字在版式上表述出来。

一、理解文字内容

很多设计者只注重版式美而不关注文字内容，拿到文字就开始编排，没有考虑内容和版式的整体需要。正确的设计方法应该是：对于一篇文案稿，我们先去理解它的表述内容，为我们选择字体和字号提供依据，让文字的视觉感受与表述内容保持统一，才能为我们选择合适的插图提供指导方向。

二、内容分类

设计时先理清思路，把我们理解的文字段分成几个层级，并为其分配大致的空间位置。哪里是主标题，哪里是广告词或引文，哪里是副标题，哪里是内文，内文的组成结构是怎样的，是否需要进行视觉归纳或者是内容归纳等等。具体方法是通过文字的字号、颜色以及同字形但不同笔画粗细的字体来加以分类，用黑、白、灰将文字的层级展现出来。

三、文字粗排

版式设计初期应先设立一个初步的构想，通过粗排将这些构想视觉化，以形成一个基本的编排风格。这个过程仍然是一个创作的过程，是对前面提出的编排构想实践和检验的过程，主要是检验各个文本元素占用空间的情况是否合理。每个文本元素都要有相对独立的空间，要让它看起来恰如其分，那块空间本来就是为它预留的，而不是硬塞在那儿占空间的。

四、精确细排

精确细排非常关键和重要，文字编排是很讲究精确计算的。在人习惯的阅读距离内，要明确字号大小是否合理，各部分比例是否恰到好处，段落文本在整个版面中是否和谐，各个层级的文字是否清晰明了，分栏的栏数和栏宽是否合理，各元素之间的距离是否清晰、便于阅读，该对齐的部分是否已经分毫不差，字距行距看起来是否舒适，是否已经考虑过印刷成品裁切出血位后的距离，是否有需要进行视觉修正的部分，每个文本块的位置是否能完全确定下来等问题。

五、校对

设计者要对版面的内容负责，因为有时我们无意间漏掉的几个字、几句话都可能对已经精确编排好的版面造成极大影响，可能会浪费时间去重新调整。因此，校对可以避免重复工作。同时，认真严谨的态度也保证了作品的阅读质量。

第五节 文字的编排要点

一、把握文字的字体、字号等特点

英文都是字母，而字母的构成结构非常简单，一般在印刷上3磅大小的英文都能清晰可辨，在设计中英文的字号大小灵活多变。英文字母线条比较流畅，弧线多，画面容易产生动感，比汉字生动多变。

汉字笔画数量相差悬殊，一般来说，6磅大小的字基本上就是极限了。对于复杂字形的汉字来说，有时候会影响阅读，尤其针对受众人群，老人与小孩不适宜过小的字号，文字选择应符合图文主题，合适的字形特点有利于受众和加深视觉印象，理解文章内容。

二、把握文字段落形成的特点

每个英文单词都有相当的横向长度，有时一个单词就相当于中文一句话的长度，单词之间以空格作为区分。所以英文在排版时，大多作为"段"来考虑编排。

中文就完全不同，中文的每个字占的字符空间一样，非常规整，一句话的长度在一般情况下不能拆成"段"来处理，所以中文在排版的自由性和灵活性上比不上英文，各种限制严格得多。汉字的整体编排容易成句、成行，视觉效果更接近一个个规则的几何点和条块；而英文的整体编排容易成段、成篇，视觉效果比较自由活泼，线条感更强，容易产生节奏和韵律感。

三、把握文字块面的随机边缘

英文的篇幅普遍比相同意义的汉字的篇幅要多，在设计时，英文本身更容易成为一个设计主体，而且因为英文单词的字母数量不一样，在编排时，对齐左边会使右边产生自然的不规则的错落感。

值得注意的是，由于设计软件的局限性，汉字不经意间也会形成不整齐的边缘，这种边缘应该适当调整，避免在结尾形成突出的标点符号，或微小的缺损，造成不整齐的视觉流线。

四、把握文字自身的排版特点

英文段落在编排时只能横排，只能从左开始，段前不需空格，符号只占半个字符空间，这给英文编排提供了更大更灵活的空间。

汉字的编排规则比英文严格复杂得多。比如，段前空两字，标点不能落在行首，标点占用一个完整字符空间，竖排时必须从右向左，横排时从左向右，等等。这些规则给汉字编排提高了难度。

除了一些特定媒体对英文的需求，在以中文为母语的国度，一般的版面设计，英文充当的是中英文对照部分的内容，或者形成了一种装饰风，用它特有的线条美来呼应整个版面。如果是为了对照中文，编排时一般选择字形风格相似的字体，增强整体感。

中英文的区别在设计时都需要特别注意，不要照搬英文的排版模式来编排汉字，处理不好就会不伦不类。

实训作业

课题：编排中文字变化的魅力

目的：训练学生文字表现技巧和文字编排形式。

内容：文字的字体、字号、字距、行距和文字的对齐方式。

要求：完成一种名片三种版式编排设计。练习以字体为主的名片版式编排设计。采用文字齐左、齐右、齐上、齐下和齐中的练习。

[重点提示]

选择字号，把握字体的感觉。粗大字体的视觉冲击力较强，细小字体能够引导实现连续性的特征。现代版式设计中，细小的文字构成的版面，给人以整体、现代、雅致的感受。

作业讲评：

①学院名片设计中，学生的想法比较多，有些表现手法较夸张。

②在设计过程中忽略了将标志放在首要位置或者有些将标志尺寸排版过于小，甚至比姓名还要小。

③名片内容信息应该以清晰易读作为出发点进行设计，可以创新但是应当将可读性放在第一位，尽量回避倾斜曲线散点的排版方式。在设计过程中应该尊重阅读习惯，有一定的阅读次序，不能都堆积在一起让人无法辨识。

④名片不仅仅是一个小的版面设计，也是一个非常重要的对外宣传品，在设计过程中应当了解清楚名片的功能性。名片由几部分组成，首先要有标志、企业（单位）名称，要有姓名职位、地址、电话、传真、邮箱等一系列信息。在设计过程中有需要的话还可以借鉴VI（视觉识别系统）的延展图形，将其融入版面的设计当中。包括字体的字号间距、大小、都应当严格地统一执行，名称、姓名的字体、字号多为10～13号字，信息内容常规为5～8号字，多以黑体、宋体、常规电脑字体出现，尺寸常规为（90×50）或（90×55）等，也有较为瘦长的版本。纸张分为常规的纸张（铜板，白卡）或者特种纸张，工艺有烫金、烫印、UV等特种印刷工艺。

实训作业

课题：目录版式编排设计

目的：让学生掌握版面文字整体设计和创意过程。学会对文字内容进行分类，通过对不同信息的分类和组合，形成面的效果；对内容文字的字体、字号、间距等进行编排，方便读者找出重点信息；使用点的效果来提示某个强调点，线的效果指引读者视线。

内容：《平面设计原理》书籍的目录设计

前言 IV
概论 1
第一部分 空间
第一章 空间就是空白处 13
第二章 设计中的对称和不对称 31
第三章 空间理论发展史的五个阶段 40
第二部分 协调性
第四章 协调性和空间 51
第五章 设计的七个组成部分 57
第六章 如何运用设计的七个组成部分 69
第三部分 页面设计
第七章 可视结构：页面 77
第八章 要素和页面的协调 87
第九章 三维空间 95
第四部分 字体
第十章 倾听字体的声音 103
第十一章 排印技术细节 111
第十二章 特排字体 121
第十三章 正文 129
术语汇编 138
文献目录 140
索引 142
版权标记 148

要求：导航清晰、重点突出，找出目录中的信息等级，合并同类项。设计4幅，制作在A4纸上。

①收集各种风格的目录版式设计20幅。

②收集以线为主的版式编排设计10幅，线可以是字编排构成的线、视觉引导线、几何线等。

[重点提示]

文字、点线面的运用；文字的分类与特征，字号、字距、行距文字的对齐。

1. 目录设计考察了学生对页面中块面的控制能力，要使章节非常的清晰，同一章节的内容应该群组，不同章节的内容应当加大距离，要具有整体性和主次关系。

2. 指引线是连接目录文字与页码的关键，要选择合适的线形，这个细节要在专业软件中进行设计，线形的粗细、虚实等都给页面带来不同的视觉效果。

3. 目录的作用是帮助读者顺利地翻阅内文，应减少过多的装饰，把重点放在信息的层次上。

4. 突破传统的横排文字的手法，尝试不同的设计风格，但不能忽略内容的可读性。

目录设计越来越注重个性化，除了满足重点突出、导航清晰的特征外，一些目录设计还通过彩色印刷模式和增加引导性图片的方法，使目录看起来赏心悦目，并与主题形成强烈的整体一致感。各类的线可以增强版面活力，也可以使信息之间有清晰的组织结构。多做优秀作品的收集，可以提高自身的审美，并且学会提炼优秀作品的精华，将其运用到自己的作品当中。

作业讲评：

①对页面中块面的控制能力不够，章节的划分欠明确，缺乏整体性。

②线形的选择不到位，包括粗细、长短、虚实等，影响了版面的节奏感。

③一些不必要的装饰，分散了读者视线，应当把重点放在信息的层次上，尽量避免过于强调形式而忽略了目录本身的功能。

④虽然考虑到不同的设计风格，但容易忽略内容的可读性。

⑤版面主要内容所占的位置考虑不充分，有效的信息经常离页面的边距太近。

⑥文字与图形细节处理得不好，例如标题或小标题文字的字号太大，没有与目录内容形成合适的对比与统一关系；图形的造型与文字的适应性不好，有些局部文字因为造型而被迫换行。

实训作业

课题：感悟文字版式编排设计

目的：学习文字的组合方式，掌握增强多层次文字效果的方法，体会文字要素在版面中的重要性。

内容：

①完全临摹一幅以文字为主的优秀版式编排设计作品。

②分析以上作品，用其要素进行再创意设计。

③指定题目创意设计。

要求：完成3个作业，在A4纸张上完成。

原图

再创意

指定题目设计

实训作业

课题：指定题目《奥美中国》创意设计

目的：

①适应与掌握文字的编排流程。

②掌握黑白灰的关系。除了图片明度产生的效果外，也可以通过文字类的信息来构成画面的黑白灰关系。一般纯文本的信息包含标题字、副标题、引文、说明文、正文等部分。学习黑白灰的方法，可以让标题区和文本区形成不同的灰度层次，它们之间的灵活变化，营造出版面的空间感。

③字体、字号、字距、对齐方式使版面效果具有不同的韵味。

内容：

       奥美中国　　　　　　　　　　（这是主标题）
      ——360度品牌管家　　　　　　（这是副标题）

360度品牌管家，是奥美专有的方法，用来持续管理顾客与品牌之间时刻不断发生的各种体验。它是一套信仰、作业方式与操作技巧，让我们深入每一个我们所照料的品牌，钻研出能够让品牌打动人心的诀窍。（这是引文）

一、360度品牌管家包括三大主要阶段　（这是子标题）
牌管家包括三大主要阶段　　　　　　　（这是子标题）

1.探索

第一步，要定义出品牌的精髓。通过一个名为"品牌检验"的信息收集过程，我们探索顾客对品牌的真实感受，为品牌勾勒出由顾客的感觉、印象、期待及回忆等等所构成的品牌观感。然后我们把这些真实的体验转成文字，我们称此为"品牌写真"。这是未来一切建立品牌的传播活动的出发点。

2.策略与规划

我们必须评估品牌所面临的机会和挑战，策划品牌的下一步行动。我们找出品牌的主要沟通对象，通过"品牌扫描"的过程，了解他们到底对品牌的认识有多深。我们厘定出顾客和品牌互动的各个"关键时刻"，并发展出能确保品牌在这些关键时刻闪闪发光的方式。

3.执行

我们要把洞察和策略转化为作品。除了深入洞察顾客与品牌关系的核心外，再重要不过的，是产出得以支撑并推动所有传播活动的品牌大创意。我们通过各种传播渠道，从电视广告、网站、直邮，一直到公关活动等，时刻与消费者进行全方位的互动，强化品牌形象。

二、专业团队，实行360度品牌管家　（这是子标题）

在奥美集团内，我们拥有独立的营销沟通专业公司，来完成特定的营销沟通任务，以确保360度品牌管家的实行。在共通的策略规划下，凝聚所有专业技能，并同心协力使品牌栩栩如生。

1.我们相信，品牌是一家公司最有价值的资产。这就是半个世纪以来，我们全力为品牌服务的原因。在奥美，我们保持如此的心态：我们不为自己工作，不为公司工作，甚至不为客户工作。我们是为品牌而工作。我们将自己看作是品牌管家。

2.我们相信，作为360度品牌管家，我们的角色是这样的：我们要不断创造出忠于品牌形象与身份的品牌承诺；无论所策划的活动规模大小，我们都要传达出品牌承诺。我们要让品牌在任何时候，与每一个消费者、在每一个相遇点，都能做出沟通。

3.我们相信，我们的工作是帮助客户建立持久的品牌，使它们成为消费者生活的一部分，博得消费者的忠诚度和信任。

要求：设计4幅作品，要求不同版式设计；制作在A4纸上，黑白普通打印。

①使用限定的纯文本，不添加任何编排元素。例如，不能使用各种底色与色块、线条、图形，可以对字形、字

号、粗细和行距等形成黑白灰关系。

②对文字进行同类合并，归纳出标题、副标题、引文、正文等，进行版式的分区。注意留出页边距。

③合理使用文字的基本要素。

作业讲评：

①学生对黑白灰的理解容易停留在版面上、附加各种明度上，而不会利用段落文字的疏密和字体的大小、粗细等营造黑白灰效果。

②正文的轮廓外形出现多种问题，例如三角形、圆形等造型。这些文字一定要建立在易读的基础上，不能只顾形式，忽略功能。

③文字依然习惯于通栏的编排，当尝试两栏、三栏设计时，无法控制栏的长度，导致每行文字长度不够，阅读几字后便要换行，视线跳跃太快。解决这个问题的办法一个是合并类似的内容形成黑白灰区域，另一个办法是分栏时注意栏间距，太宽的间距，使得正文的内容受到限制。

④对文本的区域没有做事先的划分，容易一开始就上手排列文字，文字的大小、行距等无法与区域很好地结合，页面太满，甚至没有了页边距。

⑤文字过大或过小，不符合阅读的习惯，甚至没有美感。

⑥文字纵横排列没有规矩，有的版式散乱，结构不清晰。

[重点提示]

1. 通读文章，找到标题字、副标题、子标题引文、说明文、正文等。

2. 对于文本的信息归纳，应对不同级别的信息含量在版面中所占的位置和面积有所了解和规划。

3. 信息的级别不宜过多，能够有明显的黑白灰层级即可，过多的级别仍会使版面凌乱。

4. 引文的部分，如果是对标题的解释，可以与标题划分为一个级别；如果是引出正文，可以划归到正文的级别。也有一些设计，把引文单独提炼出来，在特殊位置引导读者第一时间关注。但任何时候，应该强调标题的突出性。

5. 标题应当适当的加大。

相对于有图片的版式编排设计，纯文本虽然只有文字，却给初学者带来意想不到的难度，本次作业甚至规定学生不能使用各种底色与色块、线条等。版面的所有造型，完全依靠文字块面的黑白灰对比关系，形成整体感强、简洁的版面效果。应该打破惯有的word排版的习惯，熟悉专业排版软件。

课后作业

收集版式编排设计作品20幅。学生在收集优秀作品的时候，应该用黑白灰的审美分析版面，而不是局部地观察图片或某个部分的文字。黑白灰的设计方法可以避免从局部入手的习惯，画面容易形成整体关系。注意观察优秀作品对文字的处理，用到了哪些字体，一个版面中如何处理字体、字号等。

第四章　版式编排设计中的图

CHAPTER4

学习目标

　　图包括图形和图像，是三大视觉元素之一，是跨国界的视觉语言表现形式，图在版式中最易于理解，不受语言限制。常言道，一幅好图胜过一百句话。图的视觉注目率高，信息传达效果好。

　　通过学习和训练了解图的分类、图的特点，掌握图的裁剪和变化技巧以及各种应用方法，使学生认识图在版式设计中的表现语言，掌握图在版式编排设计中的基本技巧，懂得如何提高图的视觉效果。

图的基本要素
图的运用原则
图的处理方法

第一节　图的基本要素

一、图形

版式中的图形指的是具有抽象性的几何图形，包括点、线、面及较为复杂的组合图形。版式设计可以通过图形语言来构成丰富的层次和视觉效果。图形以有限的语言形式构成无限的空间，是"言简意赅"的元素，让人去联想和体会，合理地运用它的各种特征会产生意想不到的效果。

图形在版面中，体现出很多特征，以手绘及电脑技术表现为主的图形，具有简洁、夸张、抽象、符号等特征。

（一）简洁

简洁，是能够合理简单地表现图形，突出鲜明的主题，形态与形式较为单纯，使得版面重点突出，达到最佳的视觉效果。（如图4-1-1）

（二）夸张

夸张，是最常见的一种表现手法，它突出了对象最典型的特征，并通过无穷的想象将其明显夸大，创造出引人入胜、造型奇特的版面效果，以此来加强版面的艺术感染力，加速信息传达。（如图4-1-2）

（三）抽象

图形以简洁单纯而又鲜明的特征为主要特色。运用几何形的点、线、面及圆、方、三角或较为复杂的组合图形等来构成，是规律的概括与提炼。利用有限的形式语言所营造的空间意境，让读者充分发挥想象力，其表现的前景是广阔的、深远的、无限的，使版面构成更具有时代特色。（如图4-1-3，图4-1-4）

图4-1-1　画面上方用简单的造型拼缀出丰富的家庭生活，虽然密集，但仍体现了图形的简洁性，与主题"美居生活家"相吻合

图4-1-2　版面中对人物形象进行夸张处理以达到对比效果，使整个页面产生新奇与变化的情趣

图4-1-3

图4-1-4

图4-1-3、4-1-4　版面中抽象的图形具有简洁单纯而又鲜明的特征，点线面的运用使整个版面视觉效果突出，图形与色彩的变化给人无限的想象力

（四）符号

在版式编排设计中，图形符号表现为象征性和指示性。它是人们把信息与某种事物相关联，然后再通过视觉感知其代表一定的事物。当这种对象被公众认同时，便成为代表这个事物的图形符号。

符号的象征性——运用感性、含蓄、隐喻的符号，暗示和启发人们产生联想，揭示出相关的情感内容和思想观念。（如图4-1-5）

符号的指示性——是一种命令、传达、指示性的符号。在版面设计中，经常采用此种形式，以此引领、诱导读者的视线，沿着设计师的视线流程进行阅读。（如图4-1-6，图4-1-7）

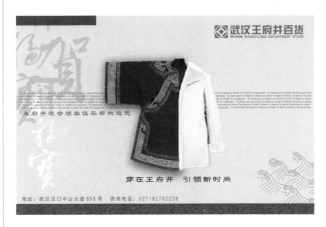

图4-1-5 将古代服饰与现代服饰有效结合，以此象征着一种东西方、古代与现代服饰文化的结合，很好地点明了主旨

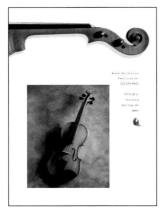

图4-1-6 版面最上方的小提琴局部特写起到了很好的视觉引导作用，以吸引读者有兴趣去继续阅读

二、图像

图像是由照相机、扫描仪、摄像机等输入设备捕捉实际的画面产生的数字图像，是由一系列排列有序的像素点阵构成的位图。图像是具象的、写实的，版式设计中主要指摄影作品，多为图片形式。摄影最基本的功能是以图像来传递必要的信息。

在版式编排设计中，Adobe公司的Photoshop软件广泛地应用于印前的图像，图像格式有BMP，TIFF，EPS，

图4-1-7 人脸向下的形象，引导读者的视线，使读者沿着设计师规定的视线进行阅读

JPEG，GIF，PSD，PDF等，以TIFF，JPEG最常用。TIFF格式是常用的位图图像格式，它具有无损压缩的特点，用于打印、印刷输出的图像建议存储为该格式。JPEG格式是一种高效压缩格式，可对图像进行大幅度地压缩，最大限度地节约网络资源，提高传输速度，因此用于网络传输的图像一般存储为该格式，它同样也作为最常用的输出格式。

图像在版面中，体现出具象性、真实性、多面性等特征。

（一）具体性

图像可以传达非常具体的形象信息，甚至可以将肉眼容易忽略的某些细节，丝毫不差地传输给受众，这也是图像在版式设计中最根本的价值。

具体性又可以用清晰与细腻程度来评价其质量。清晰度高的图像，能够显示出对象丰富细腻的细节，有着更大的信息容量。使用高质量镜头和大幅面胶片的摄影图，具体性是最主要的图像传达属性。

（二）多面性

图像在传达概念时有着较大的供人想象的余地，人们除了可以确切理解照片中的形象本身的内容之外，还能以此为线索，产生丰富的联想。图像所传达的并不仅限于事物表层的外观造型方面的信息，也可以传达深层的、更具思想性的信息。图像多面性的传达属性，也容易造成所传达的信息的歧义。不同的受众，对同一幅图像画面所表述较深层的、较抽象的概念，可能做出并不完全相同的解释。因而，只有图像在和文字相配合进行信息传达时，才具备最高的信息传达效率和传达准确度。

（三）真实性

图像可以真实地反映自然形态的美，这是摄影图像本身的技术特点所决定的。在以人物、动物、植物和自然环境为元素的造型中，写实性与装饰性相结合，令人产生具体清晰、亲切生动、信任的感觉，以反映事物的内涵和艺术性去吸引和感染读者，使版面构成一目了然，深得读者喜爱。（如图4-1-8,图4-1-9）

图4-1-8 版面设计色彩丰富,空间层次感强,写实的造型具有强烈的艺术感染力

图4-1-9 广告的设计中把产品进行放大写实处理,从细节显现食品的美味;橙色的文字由大及小的渐变效果,使整个版面层次感强,整体给人亲切、生动之感

第二节 图的运用原则

一、适用性

图的适用性首先表现在能够鲜明地突出主题,使受众在第一时间获取信息,从而体现出最佳的视觉效果。版式设计中图的运用,重要的一点是服从表述主题的要求,要与其内容一致,不能脱离主题,更不能产生冲突,尤其在商品广告图的运用上,更应该注意任何一条标题、一个字体标志、一个商品品牌都是有其自身内涵的,将它正确无误地传达给消费者。这是版式设计的目的,否则将失去它的功能。

图的质量也是适用性一个重要的因素,既要有对画面信息质量的要求,也要有对图片清晰程度的要求。图提供的画面信息不能造成视觉上的混乱,尽量控制受众的视觉焦点和注意力,并且明暗或色彩对比的关系也非常重要。版式设计在不同的媒介使用时,要求图的像素高低程度不同,在网页或多媒体的版式设计中,图的分辨率达到72ppi的屏幕显示分辨率即可,而当版式编排设计图要进行输出时,至少要达到300dpi的输出分辨率。需要说明的是,ppi(pixels per inch,每英寸所拥有的像素数目)是图像分辨率的单位,图像ppi值越高,画面的细节就越丰富;dpi(dots per inch,每英寸所打印的点数或线数)是指输出分辨率,是针对于输出设备而言的,一般的激光打印机的输出分辨率是300~600dpi,印刷的照排机达到1200~2400dpi。

二、统一性

图的统一性表现为合理运用不同类型风格的图,处理每幅图的效果时要注意小变化、大统一,使版面关系更加和谐。例如通过图的内容、位置、数量、大小、色调、细部处理等,做全局的规划。版式设计的图的来源一般有两种方式:一是由客户提供,二是设计者领会设计意图后自行选用的符合主题的图。总之,图为设计者提供了很大的创作空间,比纯文字的效果要增色不少。

三、艺术性

图的艺术性表现为构图,也就是把图的各部分组成、结合、配置并加以整理,设计出一个艺术性较高的画面。经过构思的图把典型化了的人或物加以强调、突出,并恰当地选择环境,使作品比现实生活更完善、更典型、更理想,以增强艺术效果。

为了使所选用的图更有效地服务于版式,寻求合乎情理的风格编排与视觉效果,图的艺术性是达到最佳诉求的重要手段。在版式设计与数码技术紧密结合的今天,数码科技在提供技术便利的同时,也影响着设计的艺术性。比如图片边界的羽化功能,为图片的多次拼贴与蒙太奇处理提供了更理想的效果。

图是版面中最具强势的视觉对象,能产生视觉上的冲击、心理上的唤醒,所以图的艺术性还要在以情感人上下工夫。

第三节　图的处理方法

一、图的位置

图放置的位置，直接关系到版面的构图布局，版面中的左、右、上、下及对角线的四角都是视线的焦点，在这焦点上恰到好处地安排图片，版面的视觉冲击力就会明显地表露出来。版式设计中有效地控制住这些点，可使版面变得清晰、简洁而富有条理性。

版式编排设计对图片进行大致的分类后，就需要对图片的大小和位置进行安排。版面重点要表达的内容是设计师在进行版式编排设计前首先需要和甲方确定下来的，如果没有理解对方的要求则很容易在后期产生很多修改，即使再好的版式编排设计，主要传达的重点有了误解，也会产生负面影响，明确重点才能对版面内容进行更好的安排。

从视觉流程的角度来说，人们的视线会首先集中在左上角的版面中，因此可以将重点图片放置在左边的版面中，其他次要的图片可以适当缩小后放置在其他位置，这是强调版面重点的一个方法。（如图4-3-1，图4-3-2）

二、图的面积

版面中图的面积大小直接影响了版面的视觉传达效果。大面积的图注目度高、传达效果好，把那些重要的、吸引读者注意力的图片放大，从属的图片缩小，形成主次分明的格局，这是排版设计的基本原则。一般来说，大图形适合用来表现某一物体的局部或者细节，这样会给人以强烈的震撼感；而小的图形显得简练精致，但是会给人拘束的感觉。图片面积大小的对比也能使版面形成跳跃起伏的格局，如果图片的大小均衡，就能够体现稳定的效果。（如图4-3-3至4-3-5）

图4-3-3　杂志封面大面积且漂亮的图片，很容易吸引读者的注意力

图4-3-4　放大鞋子形象，产生强烈的视觉冲击力

图4-3-5　大面积的围巾形象，同时与右边小面积的图片形成强烈对比

图4-3-1　左上角放置主要图片，作为视觉重点

图4-3-2

设计提示：

排版时应注意图片的上下关系，尽量避免将物品或风景的图片放在人物图片的正上方，在人物图片上方的位置安排其他图片的做法是不合适的，效果也不好。（如图4-3-2）

三、图的数量

图片的数量多少，会影响到读者的阅读兴趣。图片的数量首先要根据内容的需要而定，适量的图片可以让版面语言丰富，打破文字的单一沉闷格局。如果版面只采用一张图片时，那么其质量就决定着人们对它的印象，往往这是显示出格调高雅的视觉效果的根本保证。增加一张图片，就变为较为活跃的版面了，同时也就出现了对比的格局；图片增加到三张以上，就能营造出热闹的版面氛围，非常适合于普及的、热闹的和新闻性强的读物。有了多张照片，就有了浏览的余地。

图片数量的多少，设计者并不能随心所欲地安排，最重要的是根据版面的内容来精心安排。通常一个版面的图片不宜过多，但可以通过均衡或者错落有致地排列形成层次。有的现代设计甚至将图片精简并且缩小，留下大量的空白，以取得干练的效果。（如图4-3-6至4-3-9）

图4-3-6 图片数量很少，通过文字对齐方式的变化以及加入彩色的点使设计很有层次感，还凸显了文化氛围

图4-3-8 汽车杂志内页多图片，版面内容丰富，整体气氛活跃，读者乐于阅读

图4-3-7 版面中只有一张图片而希望版面有所变化时，可对图片进行大胆的剪裁来增加图片自身的变化，为页面增加一些动感

四、图的裁切

（一）根据画面的内容确定裁切方向

当对一个有限的版面进行图片编排时，很多时候图片的形状与版面的空间会发生冲突。例如正方形的区域中要放置长方形的图片，或只有纵向的区域但是要排列横向的图片等等，这些问题都是会发生的，这时就需要对图片进行裁切。适当裁切图片，能使版面更好地传达版面信息，适合的图片在视觉上会形成更好的效果。（如图4-3-10至4-3-13）

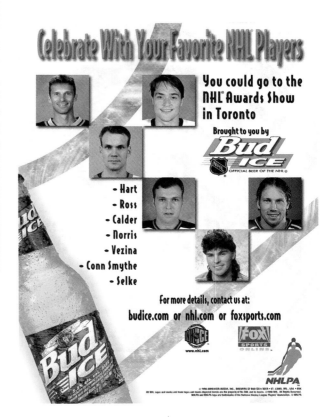

图4-3-9 大量的图片营造出热闹的版面氛围，自由形的图与方形图错位排列，活泼中不失秩序

图4-3-11　裁减为方形版面适用的形状，将正常尺寸的图片裁剪为方形，要注意保留版面中主要内容的完整性（如果是人物图片，则要保留人物的面部或正在运动的姿态），这种图片比较适合置放在较为方正的版面中

图4-3-10　这是一张粥屋宣传页的原图

图4-3-13　将图片裁切为竖长的形状，则需要适当裁切中心事物左右多余的背景，改变图片的宽度但不改变长度，就能放置在竖长的版面中

图4-3-12　将图片裁切为横向的图片时，需要保留版面中心事物的左右两边部分，比较合适放在横向的版面中

图4-3-14　通过对原图进行部分剪裁，使图片的局部特写放大，突出版面的主题

（二）将画面多余的部分裁切掉

图片不能拿来即用，应考虑如何裁切成最佳视觉效果来烘托主题。（如图4-3-14至4-3-16）

（三）素材图片中的人物图像不完整

由于拍摄原因，提供的素材原文件就是不完整的，人物没有完全进入画面。这时可以改变图像的构成，让版面倾斜起来，即使人物图像不那么正也不会影响版面效果。（如图4-3-17）

图4-3-15　当一对很温馨的母女出现在照片中，却发现不小心将半个垃圾桶拍摄在了照片的一角，应该怎样进行处理呢？图中把不需要的物品和人物拍摄进来的情况是常见的，这也是设计师经常会遇到的问题。设计时需要裁切掉画面中多余的、妨碍整体效果的部分，只保留需要的部分，这样的照片才能被充分利用

图4-3-16　图为裁剪后效果

五、图的形式

图的形式主要有：

（一）方形图式

方形图式，即限定在方形结构之中，是比较常见的风格。（如图4-3-18至4-3-20）

（二）出血图式

出血图式，即图片充满整个版面而不露出边框。（如图4-3-21至4-3-23）

图4-3-20 版面中展示了大量的图片，并通过方形结构的约束实现了简洁大方的现代设计风格

图4-3-17 这种处理方法既可以解决拍摄时的取景问题，也可以作为一种排版的手段，令版面更活跃

图4-3-21 宣传页采用图片出血处理，使版面率提高，视觉效果更强，更能吸引读者视线

图4-3-18 冷静、理性的版面内容配合一丝不苟的网格设计，系统而严谨

图4-3-22

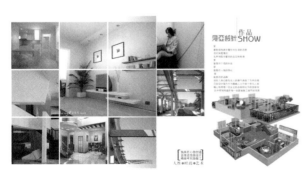

图4-3-19 画册中把与内容相关的图片限定在方形网格中，整齐有序

图4-3-23

图4-3-22、图4-3-23 这组画册左页均采用精美图片的出血处理，版面显得开阔，产品更加大气

（三）退底图式

退底图式是设计者根据版面内容所需，将图片中精选部分沿边缘裁剪。（如图4-3-24至4-3-27）

（四）化网图式

化网图式是利用电脑技术用以减少图片的层次。（如图4-3-28，图4-3-29）

（五）特殊图式

特殊图式是将图片按照一定的形状来限定。（如图4-3-30至4-3-33）

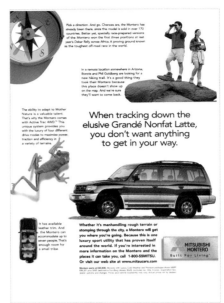

图4-3-26 元素都是退底图式处理，文字的绕图排列使得整个版面自由活泼

图4-3-24

[设计提示]

　　将拍摄对象的轮廓线剪掉，可使图片效果显得自然。抠图去底的方法，可以忽略背景中不重要的要素，使视线更集中，在版面编排中，经常会采用这样的方法。（如图4-3-24）

图4-3-27 将产品与人物的背景去除，置于版面四周，整个版面稳定又简洁大方

图4-3-28 化网图式手法处理，把人物头像处理成网点状，增强记忆度

图4-3-25 将产品的背景去除，只保留产品形象

图4-3-29 化网图式手法处理，几何图形的放大处理使整个版面极具动感，层次分明

图4-3-30

[设计提示]

四边形图给人一种普通、低调的感觉，圆形图则能够取得人为特写的效果。方形轮廓显得刚强坚毅，圆形显得柔美圆滑，不同场合应使用不同的形状。（如图4-3-30）

图4-3-31

[设计提示]

当页面中四边形与圆形图片同时存在时，为了使页面中的图片位置看上去统一，应以图片的中心为标准将两张图片对齐，圆形的图片略微大一些，以达到视觉上的平衡。（如图4-3-31）

图4-3-32　杂志内页的设计，将人物限定在特定的图形内，形式感大大增强

图4-3-33　画册内页将主要产品限定在特定的图形内，更好地突出产品的形象

六、图的形态

（一）重复与近似

1.重复

重复，一般概念是指在同一设计中，相同的形象出现两次以上。在版式设计中，重复是最常用的手法，它选择相同形状、大小、色彩、方向的基本形或线进行整齐、规律地排布，产生安定、统一的视觉效果。

基本形的重复：使用同一个基本形构成的版面即基本形的重复。在版式设计中，基本形可采用具象形、抽象形、几何形等组合基本形，但不宜选择复杂图形（如图4-3-34至4-3-37）。

骨骼的重复：如果骨骼每一单位的形状和面积均完全相等，这就是一个重复的骨骼，重复的骨骼是规律的骨骼中最简单的一种（如图4-3-38）。

大小的重复：相似或相同的形状，在大小上进行重复（如图4-3-39）。

图4-3-37　画面中大面积使用同样的文字组合造型进行重复排列，构成独有的视觉感官

图4-3-34　两个人物头像在画面对角摆放，重复中突出了中间的产品

图4-3-35　右侧图形的构图重复排列，强调了主题，其中两幅的色彩带有微妙变化，打破了呆板的布局

图4-3-38　每一个图形都填充在相应的骨骼当中，文字置于最醒目的位置，凌乱中有秩序

图4-3-36　画面中产品系列的重复使产品得到丰富的展示，右侧人物的重复构成使得画面更显灵动

图4-3-39　画面中不断重复的飞鸟与人物相结合，大小不同但造型相似，只使用两种单一色彩，但整体画面明暗对比强烈，对角线的构图方式在不平衡中寻求稳定，为版面注入新的活力

2.近似

近似，指的是在形状、大小、色彩、肌理等方面有着共同特征，它表现了在统一中呈现的生动变化的效果。

因为过分重复会引致单调乏味之感，而近似这一特点使每个基本形都有不同变化，又各有相似之处，引起观者的探索趣味。如同树叶一般，远看如出一辙，近看千变万化，但又万变不离其宗。

一组近似基本形的构成，最重要的是能否形成统一感，也就是说近似的程度可大可小。如果近似的程度大就产生了重复感，近似程度小就会引起视觉的不快，难以互相协调，破坏统一。（如图4-3-40，图4-3-41）

近似与渐变的区别在于：渐变的规律性很强，基本形排列非常严谨；而近似的变化规律性不强，每个视觉要素都有自身的变化。

（二）发射与密集

1.发射

发射，具有方向的规律性，发射中心为最重要的视觉焦点，所有的形象均向中心集中，或由中心散开，有时可造成光学动感，会产生爆炸的感觉，有强烈的视觉效果。版式设计中常采用发射的手法营造氛围，发射的类型可以是：中心式发射，由此中心向外或由外向内集中的发射；螺旋式发射，是以旋绕的基本形排列方式逐渐扩大形成螺旋式的发射；同心式发射，是以一个焦点为中心，层层环绕发射，如箭靶的图形。（如图4-3-42，图4-3-43）

图4-3-40 使用大量大小一致的不同色块组成，经过有序地排列，近似的构成显得画面充实丰富

图4-3-42 以手臂为中心，文字进行中心式发射

[设计提示]

近似设计应注意：基本形造型与变化；互相联系的形、方向、位置编排等；配色的变化复杂会破坏画面统一；比例要适中，变化过小及过大难以呼应，过小是复制了重复，过大会引起杂乱感。

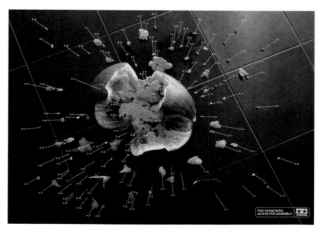

图4-3-43 中心方式形成画面的紧张感与动感

图4-3-41 书籍封面中每一个字母都是由不同色彩的点组成，整体构成形式近似

2. 密集

在版式编排设计中，密集是一种常用的组织版面的手法，基本形在整个构图中可自由散布、有疏有密，形成独特的节奏感。最疏或最密的地方常常成为整个设计的视觉焦点，在版面中造成一种视觉张力。密集是一种对比的表现，通过基本形的数量排列，产生疏密、虚实、松紧的对比效果。

在密集效果处理中，基本形应该数量多、面积小，在大小和方向上有一定的相似性，组织形式动感有张力（如图4-3-44，图4-3-45）。

图4-3-44　不规则的色块向版面中心密集，突出产品，形成强烈的视觉聚焦

图4-3-45　以花形图案为基本型，每个都可视为构成中的一个点，通过大小、明度的变化向底部图片密集，引导人们的视线聚焦

（三）打散与重组

1. 打散

打散，是一种分解组合的构成方法，就是把一个完整的图形或图片分解为多个环节或部分，然后根据一定的构成原则重新组合。打散从表面上看是一种破坏，实质上是一种提炼的方法，这种方法可以提取更加直接、简约、抽象的成分，效果凝练。通过分解可以提取出艺术审美的结构、元素，体现内部特征，促成形态抽象转化，以新形态诠释。在版面中，打散是对物象解析并分解，使得形态规律化、元素化、单纯化。（如图4-3-46，图4-3-47）

图4-3-46　将图分成数个弧形条块，重新组合排列，条块内隐藏的图片虽被分解，却依然可以看出具体形象

图4-3-47　将脸谱打散，编排形式更有趣味

2. 重组

在版式设计中，重组是将各种构成元素组合起来，它不是简单的拼凑，是将各元素有组织、有条理地通过形式美的法则联系起来，形成一个统一的整体。重组将图形内部联系起来，在外观和功能上进行变化，形成版面与内在情感的共鸣。（如图4-3-48）

（四）特异与破规

1. 特异

特异，是指构成要素有意违反已经形成整齐序列的次序，使少数个别的要素显得突出。特异能够有效地打破单调的格局和形体组合关系的规律性，减少阅读时的重复感，令读者眼前一亮，更加重视此处传达的信息。视觉心理学告诉我们，如果版面信息具有相同的特征，人们的视觉倾向于将它们归入一类，只注意总体而不注意单个，而其中不同的一个会突现出来引起人们的注意。特异，往往就是整个版面最具动感、最引人关注的焦点，也是其含义延伸或转折的关键所在。（如图4-3-49至4-3-52）

2. 破规

破规，即打破常规，就是打破重复和近似过于理性排布的手法，可以采用一些穿插交错或重叠的手段，来使重复和近似格局产生变化，营造趣味效果。破规与特异略有不同。破规更具有版式设计的突破性，它可以更自由、更具有不确定性，但仍旧以理性的姿态出现，只是在某个环节的处理上有不同常理的手法，可以看作在秩序感上营造活泼激情的效果。（如图4-3-53至4-3-55）

图4-3-49 微妙之处在于AZ两个字母大出许多的特异造型，成为画面上的视觉焦点

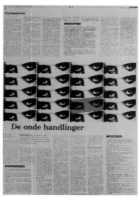
图4-3-50 通过多个图形重复性排列，色彩变化打破常规视觉感

图4-3-51 画面中应用大量的蓝色文字形成文字肌理，人物造型上出现特异效果

图4-3-48 把各行各业人员重组在版面设计中，形成一个整体

图4-3-52 字体排列中个别字体灰度和方向的变化，使得画面生动

七、图的组合

在版式编排设计中，图形的组合是指编排两张以上的图在同一版面中的和谐关系，也就是把数张图片安排在同一版面中。图的组合，一方面与版式的结构、空间、层次有着密切的关系；另一方面与图本身的色彩、表现手法、面积大小、边缘剪切有着密切的关系。编排时，应该根据主题内容的需求和图形的具体特点，采取不同的方法进行组合。

（一）常见的两幅图的组合方法（如图4-3-56）

分离——就是使形象之间保持一定的距离，形象之间不存在接触点。

相切——形象与形象之间只有一个点或一条线的接触，但是并不破坏其中的任何一个形象的形状。

融合——形象与形象之间联结在一起，形成一个新的形象。联结的部分没有痕迹。

叠压——一个形象压在另一个形象的上面，这样由于下边的形象被叠压的那一部分，形成前与后、上与下的关系。

透叠——两个形象出现透叠时，被叠压的部分可以清晰地看到。比如一块黄色压在一块蓝色上，由于都是透明色，它们叠在一起的部分会出现绿色的形状。

减缺——当两个形象出现叠压时，下边的形象由于被遮叠而减缺，形成新的形象。

差叠——两个形象叠压后，出现一个新的形象，就是叠压的那一部分。

重叠——这种现象就如同月全食一样。但在广告设计中，常常是把小形象压在大形象当中，大形象全部包围了小形象。在黑白关系上必须要有明显的反差，否则是无意义的。

（二）常见的多图组合方法

并置式组合：图之间面积基本相同，并列布局；主次式组合：图之间面积不同，小面积配合大面积图形；嵌入式组合：图之间具有包容关系，将一图形嵌入到另一图形中；粘贴式组合：将多个图形粘贴在同一个骨架或背景中。（如图4-3-57至4-3-59）

图4-3-53 画面左侧文字排列较为规整，但右侧文字打破常规，出现巨大的文字以及版面留白，吸引读者注意力

图4-3-54 整体版面下半部分排列规整，上半部分的"NO"字母用非常规大号字体，引起瞬间注意

图4-3-55 贯穿画面的曲线字母打破常规文字排版方式，穿插的文字富有变化，营造趣味

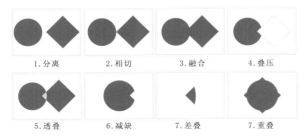

1.分离	2.相切	3.融合	4.叠压
5.透叠	6.减缺	7.差叠	7.重叠

图4-3-56 常见的两幅图的组合方式

八、图的方向

图片方向的强弱，可造成版面中行之有效的视觉攻势。方向感强则动势强，产生的视觉感应就强，反之则会平淡无奇。图片的方向性可通过人物的动势、视线的方向等方面的变化来获得，也可借助近景、中景和远景来达到。（如图4-3-60至4-3-62）

图4-3-57　方形图片组合理性地排列于版面中间，右页的去底图突出了版面的主题

图4-3-60　杂志的版面设计中把图片做倾斜处理，使整个版面极具方向性，形式感

图4-3-58

图4-3-61　人物的运动瞬间倾斜放置，版面活泼

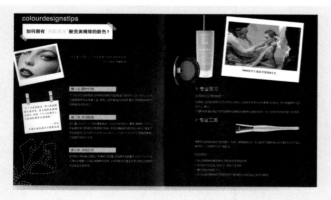

图4-3-59

图4-3-58、图4-3-59　这组画册内页的版式设计中，图片自由又不失秩序，与背景在色彩上产生明度的对比

图4-3-62　产品的图片倾斜置于版面中，文字的排列沿着图片倾斜的方向，版面富于动感

实训作业

课题：图在版式设计中

目的：对版面黑白灰效果的控制能力，关注版面的整体性。掌握图形的位置、面积、数量和运用出血图片、图片抠底等方法来让画面看起来更丰富。

内容：

吕敬人书籍设计艺术
——从装帧到书籍设计概念的过渡

书，其本意是将信息汇集、编排、装订成册，传播大众。一本理想的书应体现和谐对比之美。和谐，为读者创造精神需求的空间；对比则是创造视觉、触觉、听觉、嗅觉、味觉五感之阅读愉悦的舞台。

一、书籍设计的整体性

书籍设计者应将司空见惯的文字融注耳目一新的情感和理性化的秩序驾驭，从信息编织到视觉效果，学会始终追求由表及里的书籍整体的设计理念，并能赋予读者一种文字和形色之外的享受，以及具有创造戏剧化想象空间的能力。

从书籍的外表化装师到书籍整体，时代需要设计者完成书籍设计业的观念转换。那种以绘画形式的封面和千篇一律的正文版式为基点的装帧只一个外包装。书籍设计应是包含着书籍形态策划、信息内容编排以及封面、环衬、扉页、序言、目次、正文、各体例文字、图像、饰纹、空白、线条、标记、页码等视觉图文构成，以及纸张工艺的设定的内在组织体，从"皮肤"到"血肉"的三次元的有条理的再现，以往的设计观念割裂了外表和内在的呼吸关系。

二、书籍设计的造型艺术

书籍设计需要与其他姊妹艺术一样，强调时间与空间流动的戏剧化陈述手段、信息中数字化的编排意识、工业设计中物化构元素和商业设计中强调质感的感受，突破出版业中一成不变的固定模式，从表皮到内在组织体对最具本质意义的设计范畴，开始进行创造性的工作和大胆的尝试。

书籍设计已不局限于书物传达信息载体的功能和内容自身主题的限制，而将书视为一种造型艺术，称之为"书的雕塑"。书不仅是为了阅读，也可供品味、欣赏、收藏，是具有独立文化艺术价值的实体存在。

三、书籍设计的吕氏风格

从书籍装帧到书籍设计，从习惯的装帧模式跨进新的设计思路，是今天书籍设计概念需要过渡的转型期。吕敬人以其独到的设计理念，蕴藉深厚的人文含义，性格鲜明的视觉样式成为书装界影响很大的一位书籍设计家，由此而形成的"吕氏风格"也成为书装界的一道独特的人文景观。

要求：进行文本分类分区，注意黑白灰及面的关系，弱化细节。设计制作在A4纸上，设计4幅，彩色。有800字左右文本，图10幅（可以根据实际情况选择适用的图片数量）。

文字为：《吕敬人书籍设计——从装帧到书籍设计概念的过渡》

作业讲评：

①对页面中块面的控制能力不够，文字的划分缺乏层次，缺乏整体性。

②图形没有等比例缩放，导致变形。这类错误如遇到人像照片时，更加明显。

③图形的外轮廓过于单一，对于一些有必要褪底的图片，应当突破性地展示出来。

④一些不必要的装饰，分散了读者视线。例如，在大段文字后面放置过深的图形或文字，会干扰文字的阅读，也会使画面看起来凌乱。

⑤引言的位置或文字处理得不妙，没有起到在关键位置的导读作用。

⑥文字与图形细节处理不好。例如，标题或小标题文字的字号太小，没有拉开文本的层次关系；图片太靠边、印刷时会裁掉关键部分。

课后作业：

①收集图文混排版式设计20幅。

②收集多种图片处理方法的实例，数量不限。

③学习各种用软件处理图片特殊效果的方法。

[重点提示]

1. 本次训练提供了800字左右的文本，10幅图片。学生首先要采用做纯文本练习时的方法，即把文字信息进行归纳。更重要的是，如何处理好10幅图片，是全部使用？还是有所取舍？设计的主导思想还是要突出版面的整体性。

2. 学生应该摒弃图片拿来就使用的习惯，首先确认图片是否需要调整，包括大小、明度、主要画面的切割、图片特殊效果等。

3. 图文混排，还应该注意图片与图片的距离、图片与文字的距离、文字段落之间的距离。松散的距离，有时给人轻松舒适的感受，但有时也会给人不相关联的感受。尤其在使用软件时，学生要注意把同类内容的间距处理到相等的数值，避免画面留白大大小小，版面看起来不精致。

4. 突破传统的编排手法，尝试不同的设计风格。

在这个环节的训练当中，有意识地安排学生一方面利用黑白灰、点线面的概念完成信息的分级，另一方面利用图片的排列组合来美化和提升版面效果。

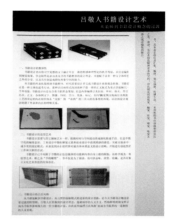

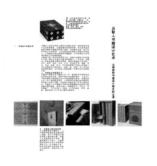

第五章　版式编排设计中的图文编排

CHAPTER 5

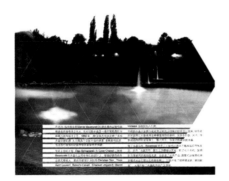

学习目标

　　图和文在版式编排设计中相互衬托，相辅相成。图文混排是版式设计中常见的方式，正确处理图和文的关系是版面美观的关键。

　　通过学习及训练，使学生掌握版式编排设计的类型和视觉流程及编排创意方法。在训练中能够灵活运用方式方法，提高图文设计品位。

版式编排设计的类型
图文编排的视觉流程
图文编排的创意

第一节　版式编排设计的类型

一、网格设计

（一）网格的概念

网格型版式编排设计是国际主义风格的典型表现，也就是受到瑞士平面设计风格影响的国际上最流行的设计风格，也是目前最普及、运用最广泛的书籍和杂志版式设计方法。网格型版式编排设计力求通过简单的网格结构和近乎标准化的版面公式，合理地安排文字和图像的位置，达到设计形式上的统一。

网格是一种包含一系列网格单元或对称尺度的空间体系。它在形式和空间之间建立起一种视觉和结构上的联系，通过二维网格来限定。

网格的基本功能是组织页面中的信息，由垂直线与水平线相交构成网格单元，网格单元之间的空白区域称为分隔线。网格给布局引入了一个系统的顺序，形成简明、准确、结构严谨、形式统一的视觉效果，合理地约束和规划版面，不会造成版面空间的混乱，进而区分不同种类的信息，引导读者进行阅读，在整体上给人理性和流畅的视觉印象，强调了比例感、秩序感和严密性。对于系列的项目分工合作，网络使设计创造更加轻松灵活（如图5-1-1至5-1-3）。

图5-1-1　《时代周刊》封面设计，网格版面整体严谨、明朗，形成统一的视觉效果

图5-1-2
杂志内页，网格将大图、重点文字、内文有效分割，黑白灰与空间关系一目了然

图5-1-3　报纸版面，左半边利用网格的编排形式把图片整齐划一地排列，与右边的大图形成强烈对比；整版也是在一个大的网格之中，形成三栏，结构严谨、明确，形式感强

（二）网格的结构

网格型版面设计，以网格为基础，它提供了一个参考的结构，引导着元素的布局。网格对以文本为主的版式，通常使用两栏或三栏简单的网格。对于以插图、图片为主的版式，通常使用三栏以上复杂的网格。将给定的文字或图片进行编排，使点、线、面之间协调一致。不同的作品采用不同的组合方式，体现创意，才能形成不同的作品风格。

页面骨架——一个页面由若干不同的部分构成，每一个部分都有着不同的用途和功能。（如图5-1-4）

页边距：页边距是指页面四周的空白区域，它们围绕并界定着安放字体和图像的活跃区域，也就是页面边线到文字的距离。通常可在页边距内部的可打印区域中插入文字和图形，但是也可以将某些项目放置在页边距区域中，如页眉、页脚和页码等。页边空白的区域要经过合理地设计和安排，不同的大小会带来紧张或者舒缓的感觉，可以说页边空白也是集中注意力和提供视觉休息的设计。

外页边距：有助于将文本框纳入整体设计中。

内页边距：离书脊或装订线最近的留白区域，要注意这个区域的宽度，以免影响阅读。

订口：这一留白区域通常存在于两个页面之间的折叠部分。

图像模块：网格内可以安排图形图像的空间，是固定间隔分开的独立的空间单位，横向重复形成横栏，纵向重复形成文本栏。

基线网格：用来引导文本和其他元素在设计中的布局，把空间分割成水平带状的横线，有助于指导人们的视觉穿越版面，也是文本或图片的分界点。

分栏：是版面垂直的分栏，有组织地放置正文的地方。数量根据实际设计而定，可以有宽窄的变化，这取决于行文类型的大小和内容的复杂程度，令读者易于阅读。文本栏过小，可能会出现行末过多的标点符号，边界难以统一；文本栏太宽，读者的视线不容易定位。

设置文字的栏宽时，可以也根据图片的宽度进行调整。

当整个版式中有多张尺寸整齐的图片时，段落文字的栏宽就可以和图片栏宽的宽度一致，这样做的目的是很好地规范文字和图片，并统一画面。（如图5-1-5）

当版面中的图片占有整个版面，文字的栏宽不可能做到和图片的栏宽一样时，应在不影响图片效果和考虑文字量的情况下调整栏宽，对文字栏宽的要求并不固定，因此栏宽的设置相对较为灵活。（如图5-1-6）

栏间空白：两栏之间的分割区域，是文本栏与横栏之间的空隙。

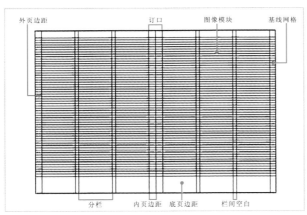

图5-1-4

图5-1-5　杂志的内页利用网格形式把文字与图片很好地穿插安排在一起，整个版面规矩统一

图5-1-6　大图片占据版面上半部分的视觉中心，文字分为两栏，适当调整栏宽，补充更多图片信息

（三）常见的网格类型

不同的网格为不同的目的服务，一些网格适合处理图像或复杂的信息，而另外一些网格适合处理大量的文字内容。

对称式网格——对称式网格一般在出版物的通页设计中，左右两页的结构互为镜像。一般这样的网格，页边距尺寸相同，分栏相同，形成一种平衡、协调的感觉，带给读者一种愉快、条理分明的印象。

在连续的通页中使用对称式网格，有时会显得有些重复和缺乏创意。但是通过安排页面的其他元素，例如页码、说明文字等内容可使整齐的网格变得灵活、适用。即使是对称式网格，也能因这些配角元素的细微变化，使页面变得有节奏。（如图5-1-7至5-1-13）

图5-1-7

图5-1-8

图5-1-9

图5-1-8 图5-1-9 对称式的网格可以在局部进行变化，使版面不显得呆板。左上部出血的图片区域更加引人入胜，使视线集中在画面中，并形成进入通页的入口；右下方的图像能使视线向下方停驻，稳定且有向下翻页的指向性

图5-1-10 两页图像与文本栏相对，黑白灰的强烈对比在这种布局之下变得冷静

图5-1-11 文字与图像相互辉映、相互平衡，在非常标准的对称格局下，右页能够增加更多的图像信息，同时左页上部的旁注引起读者注意，形成视觉上的热点

图5-1-12 图像在左右两页上都做了出血的效果，统治了整个通页，引导着读者的视线向左侧的文本栏移动

图5-1-13 横跨两栏的图像平衡了上部的文本栏

不对称网格——运用不对称式的网格设计的通页，虽然左右两页是同样的版式，但在页面的整体方向上呈现向左或者向右的偏移倾向。不对称式网格在版面整体保持一致的情况下，为一些特定元素提供了不同的排版效果。

下面提供了几个例子，将网格分成多个模块进行组合，利用不对称的手段将版面设计进行自由和创造性的发挥。（如图5-1-14）

正方形网格——正方形网格是网格体系中最基本的形式，但在实际的设计中，很少有百分之百的正方形标准网格，可以通过一些组合形式使版面不至于僵硬。正方形网格一般在画册和摄影图库的书籍中使用较多。（如图5-1-15至5-1-18）

长方形网格——长方形网格是正方形网格形态的延伸，具有适应版面、开本灵活的特点。（如图5-1-19至5-1-21）

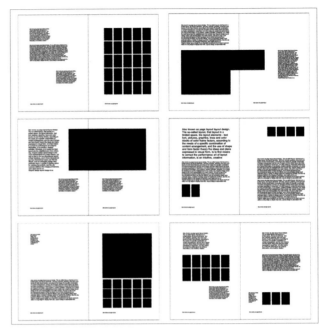

图5-1-14

图5-1-15　正方形的版面中，网格把图片安排其中，中部用黄色透叠处理，整体协调、生动

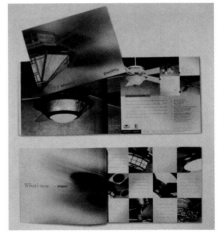

图5-1-16　画册设计中，利用网格把图片与文字很好地安排到一个版面中，产生虚实结合的效果

图5-1-17　网格把图片与文字编排其中，色彩块面和明度关系处理得当，整体视觉清晰、明朗

图5-1-18　整个版面运用红黄色把文字与图形合理地编排到网格版面中，整体生动、明朗

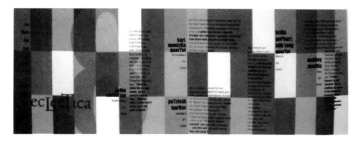

图5-1-19　网格将版面分成黄绿长方形色块，文字本身对齐，却不完全依赖于网络，严谨有变化

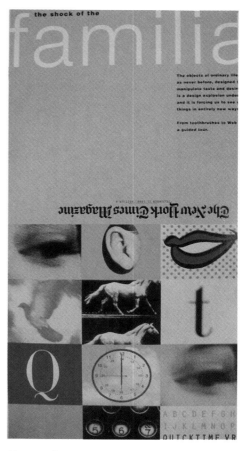

图5-1-20　采用网格的形式把图形与文字合理地编排在一起，留白的设计手法产生疏密变化

图5-1-21　运用网格把长方形的绿色与黑色穿插放置，连贯地安排在一起，小图多、大图少，灵活统一

复合型网格——复合型网格适用在大型书籍的版式设计中，因为内容多、范围广，内容需要两层或者更多的网格才能够解决。要注意的是，大面积网格的叠加会造成版面的复杂化，降低网格的效果。复合网格第一层可以用尺寸较宽的网格控制整个版面，第二层可以控制版心，第三层可以控制小图片和说明文，再有的层次可以是第一、第二层的补充。

确定一个页面的面积、比例是使用复合网格的第一步，这对单页或双页构成的通页而言是一样的，且无论通页的版式是否对称。一旦页面的面积和比例确定下来，就该插入网格线，以此来划分文本栏和栏间空白。这些网格线将引导纵向栏间文本上下分布，这些文本也可以跨栏形成不同宽度的文本栏，图像也适用于这样的方法（如图5-1-22，图5-1-23）。

异型网格——传统的网格是纵横线条构成的，而异型网格也满足了网状结构对文字和图片的约束作用，例如三角形、菱形、六边形等，或者是将网格旋转一定的角度，增加版面的活跃性。但是有角度的网格往往更难设置，出于对页面构图、设计效率和连贯性的考虑，成角网格中通常只用单个或者两个角度，一般选择单个30度或45度，两个选择30度和60度。45度角的网格使页面内容更加清晰、均衡的方式向两边排列，同时注意向上倾斜的文字比向下倾斜的文字更容易阅读。由于读者习惯水平的阅读方向，所以60度角对画面造成冲击，但文字极难阅读。文字的排列方式将直接对版面产生影响，版面中图片呈现倾斜的状态，在图片倾斜的情况下，将文字也做倾斜处理，倾斜角度与图片相同。在版式设计中，图片相对于文字而言，对版面的视觉度的影响很大。可见图片在版式编排设计中的安排是很重要的，根据图片的位置才能更好地安排文字。（如图5-1-24至5-1-26）

图5-1-22

双页对开的版面设计有更大的设计空间：左上通页中图片在一条基线上，而对页的正文与旁注互为镜像，对称中富有变化；右上两页形成镜像，通页上半部分又形成一种呼应；下半部分这两个设计用图片形成版面的视觉入口与出口，引导读者进入画面，又带领它们离开，有一种冷静的平衡，同时令页面充满动感与趣味

图5-1-23　复合网格能使模块和分栏共同发挥作用

图5-1-24　三角形网格线与图片结合，使版面活跃

图5-1-25　整个版面出血处理，运用异形网格线和部分留白，活跃了版面

图5-1-26　图片的角度进行旋转，打破了整个版面横平竖直的构成；文字的安排采用同样的方式与图平行，赋予了版面活泼的动势

重点网格——这里所指的重点网格不完全是围绕一个主题的问题，而是避免单调的布局和较差的比例而使用的一种形式。在保持统一的垂直线基础上，使水平线有一定的变化，或者是在统一方向的网格中使主要部分出现方向上的变化。此类版式编排设计主要针对新闻、科教等需要保持画面完整性、不能随意裁切图片的情况，并使画面生动灵活，出现兴奋点。（如图5-1-27）

突破网格——网格给人理性和秩序感，但这也是众多设计的通病。避免网格带来的约束，寻求突破手段对网格进行调整。例如可以将某一张图片放在网格线之外或者不按网格比例缩放，形成一种新的方向或力场。（如图5-1-28至5-1-31）

图5-1-28　在网格设计的基础上，图片突破性地放置其中，避免了网格带来的约束感，使整个版面富有活力

图5-1-29　杂志在内页版面设计整体上利用网格的形式编排，把主要强调的图形打破网格地约束放置

图5-1-27　图片放大且置于画面中部的主要位置，上下图片文字边缘均超出了文本的网格水平线

图5-1-30　在网格编排的基础上，把某个元素做特异性处理，一个小小的改变，增加了版面的活力

图5-1-31　在主要图形连续跨越网格，使整个版面变得更加活跃

（四）网格设计的方法

1.隐形网格

对于设计者来说，网格线是一个隐性的框架，或者是通过排版软件设置的辅助线。在实际的出版物中，网格是不会显现出来的。网格给布局引入了一个系统的顺序，形成简明、准确、结构严谨、形式统一的视觉效果，合理地约束和规划版面，不会造成版面空间的混乱；进而区分不同种类的信息，引导读者进行阅读，在整体上给人理性和流畅的视觉印象，强调了比例感、秩序感和严密性。（如图5-1-32，图5-1-33）

2.网格特性

网格定义了纵横的分栏，也就是垂直单元和水平单元的数目。网格一旦确立，文字和图片就可以在栏目的约束范围中进行调整，使点、线、面之间协调一致。由于可以占用多个网格，只要不超出网格的边界，不同的作品采用不同的组合方式，就能体现不同的创意，形成不同的作品风格。（如图5-1-34至5-1-36）

3.简单到复杂的形式

简单的网格经过创造性发挥，能够形成单元复杂的网格形式，同时允许单元中的元素交叠产生更多的可能性。一般来说，文字为主的版面多采用简单网格，图片为主的版面较多使用复杂网格。（如图5-1-37至5-1-40）

图5-1-32 文字与图片都是在网格的约束下编排的，隐形的网格起了主要作用

图5-1-33 版面设计中运用隐形的网格把不同的人物剪影放置其中

图5-1-35 文字的编排中运用网格的典型例子，右下角的图形又使版面有了兴奋度

图5-1-34 酒宣传折页中，把各种类型的酒放置于网格中，产生强烈的秩序感

图5-1-36 网格把文字与图片约束其中，形成有秩序的整体

图5-1-37　简单网格折页版面的设计，分为四栏，两边明度较暗的图片与中间明度较亮的文字结合，视觉上舒展大气，图片与文字的网格编排清晰

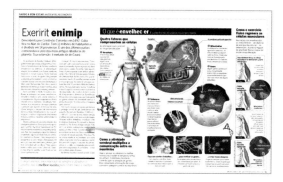

图5-1-38　运用形象的图形与文字结合复杂网格展现人体生理结构，使整体版式整齐中有变化

图5-1-39　虽是错综复杂的版面，但复杂网格将图形与文字统合到隐形的网格中，准确直观地把地形信息传达给读者

图5-1-40　版面中下半部分文字用简单的网格编排，上半部分图片与文字的结合是比较复杂的网格编排

图5-1-41 中间人物与文字自由的版面设计，使画面活泼丰富又富有动感，吸引读者的注意力

图5-1-42 图片放大特写的版面设计，冲击力强且使画面跳跃，吸引读者的注意力

图5-1-43 版面打破了传统的秩序组合，分解出多个环节，点明主题

二、自由式设计

（一）自由式的概念

自由版式来源于科技成果的突破，激光照排技术的产生使自由版式的发展有了更加灵活、自由创意的空间。进入20世纪90年代后期，由于电脑制版技术的普及，自由版式设计在世界范围内广泛流行，并越来越为人们所重视，使之成为一股势不可挡的设计潮流。

自由版式的概念，国内最早来源于余秉楠先生撰写的一本名叫《版面设计》的小册子，他认为："这种形成于美国的自由版面设计，它的被印刷部分和未被印刷部分被视为同等重要的一对伙伴。一本书的每一页可以有完全不同的设计，这要取决于设计者敏锐的感觉，能否使之构成活泼、变化丰富的设计品，只有那些经验丰富的设计师才能胜任，否则安排不当，就会造成版面混乱。"

（二）自由式的特征

1.版心的无疆界性

自由版式的版心无固定的疆界，它既不同于古典版式结构上的严谨对称，又不同于网格设计中栏目的条块分割概念，而是依照设计中字体、图形内容随心所欲地自由编排，但并没有脱离设计的基本原则和美的法则，即线条、形态、色调、色彩、肌理、光线和空间等因素。（如图5-1-41，图5-1-42）

2.解构性

解构性是自由版式设计的最主要特征之一。解构就是对原有古典的和以数理为基础的排版秩序结构的肢解，是对正统版面的解散和破坏，它运用了不和谐的点、线、面等元素与破碎的文化符号去重组新型的版面形式。

在自由版式中，解构性的来源不是孤立的，它同样受到同时期哲学思潮和建筑设计的影响而产生的。最具代表性的戴维·卡森本人早期并不是一位平面设计师，而是一位从事社会学方面研究的专家。对版式编排设计的研究是他在对人的心理反应方面实验过程中的一个科研项目，他试图通过打散原有版式编排的秩序而达到试验的目的，后来他发现自己所设计的杂志很能为年轻人所接受，于是他便继续这项试验的研究，继而使该项事业得到发展。在卡森的解构性作品中，常常可以看到这样几种版式设计的手法：任意变化的字体和字号，特殊和别有风味的字体，丰富多彩的版式，空旷无垠的页面，无序的字体和聚集放大的观念性文字。（如图5-1-43）

3.字图一体

最能够代表字图一体性的设计师是英国人内维尔·布罗迪，他认为：字体本身已不再是纯粹的文字符号，很多情况下必须担当图形的任务。他的自由版式设计，尽量减少使用摄影图片，版面多以单纯的字母符号作为视觉元素，并且在充分利用文本编排的时候，使摄影图片与文本有一个内在合理的联系。

根据自由版式设计的特点，字体常常成为图形的一部分，在排版中常用的"计白当黑"的设计手法，通过版式设计中的空白处理以达到"以形写意，以意达神"的目的，设计者常常把一幅版式设计当一幅绘画作品来完成。版式的每一个字体、每一个符号都是画面中的排列元素。在字图一体的编排过程中，除了运用版式中常见的形式美法则，如：节奏、韵律、垂直、倾斜等等外，还常在字图一体的处理中运用图形的虚实手法，来达到字图融为一体的目的。在字图一体自由版式设计中，版面排列的位置常与图形中物体运动方向相联系，使之成为图形的一个关联元素。字图一体还体现在版式的编排和图片可以任意相互叠加重合上，使版面中有无数的层次，以增加画面的空间厚度。（如图5-1-44，图5-1-45）

4. 局部的不可读性

即使是自由设计，也应当使功能美与形式美和谐结合，但在自由版式设计中，仍旧有一部分文字局部具有不可读性，丧失了部分功能作用。"可读"指的是设计者在安排版式过程中认为读者应该"可读"的部分，它包括字体的级数大小、清晰度。而"不可读"部分在于版式设计的需要，认为读者无需读懂的部分，在处理手法上常常把字号缩小，字体虚化处理、重叠、复加，甚至用电脑字库中的数码符号来反映当代高度信息化社会的特点。我们从戴维·卡森的作品中就可以看出，卡森的版式设计常常将字体虚化处理，并且把字体旋转重叠。因此，一部分文字只起到装饰作用，人们阅读图书杂志并不需要仔细品味辨认，版面中的字体这样设计，只是为了增加视觉冲击力。（如图5-1-46，图5-1-47）

5. 字体的多样性

任何新颖的版式设计都离不开字体的创新。自由版式对字体设计的要求不光是种类多样，更要求不断创造新型且富有现代感的字体以满足版式设计的需要。每一时期的设计需有新的字体，自由版式设计字体的多样性不但能带来版面的新鲜感，而且还能反映出时间的流动感、速度感，越是高速发展的新科技越是需要相应的字体变化来体现，而自由版式设计中字体的多样性使之能准确地表达这一特征。

现在，每一种字库都在设计属于自己风格的字体。例如，雅黑字体是为微软公司设计的屏幕显示汉字，它具有个性独特、结体优美、识别性强、块状效果好、显示清晰等优点，在当今数字化时代更是用途广泛。这套字体可以说是科技进步的产物，是人类社会的需要，在设计上也有所突破。首先，打破传统结体方式，采用大字面设计，字心放开，增大内白，使文字方正，布白匀称。由于字体中宫放开，使文字的适用性也随之增强，不但适合小级数文字的使用，更适合屏幕显示。在笔型塑造上去除"喇叭头"，为防止文字笔画缺乏美感、没有精神，在撇、捺、点、勾的处理上使粗细有略微的变化，使之富有弹性。（如图5-1-48，图5-1-49）

图5-1-44　在版面的设计中，文字与图形合为一体，文字的阅读性不受影响，整个页面看起来活泼富有趣味性，色彩设计使整个版面富有活力

图5-1-45　电影海报的设计，运用文字与图形的结合设计，既具有文字的阅读性，又点明了主题

图5-1-46　在版面的设计中，利用文字的大小变化，组合成水雾的视觉效果，阅读性减弱，但具装饰性，同时点明主旨

图5-1-47　页面左边的文字做大小变化处理，与图形成为一体，装饰感大大增加

（三）自由式常见的类型

1.满版型

版面以图像充满整版，主要以图像为诉求点，使整个画面的处理富于情节性，视觉传达直观而强烈。文字的配置压置在上下、左右或中部的图像上。满版型给人以大方、舒展的感觉，避免程式化、简单化的设计，要敢于尝试，要增强艺术性。（如图5-1-50，图5-1-51）

2.中轴型

将图形做水平方向或垂直方向排列，文字配置在上下或左右。水平排列的版面，给人稳定、安静、平和与含蓄之感；垂直排列的版面，给人强烈的动感。（如图5-1-52至5-1-55）

3.曲线型

图片和文字排列成曲线，产生韵律与节奏的感觉。（如图5-1-56，图5-1-57）

4.倾斜型

主体形象或多幅图版做倾斜编排，使人感到轻松、活泼，但可造成版面强烈的动感和不稳定因素，引人注目。但是倾斜要注意方向和角度。（如图5-1-58至5-1-61）

图5-1-48 利用与主题有关的文字，把不同色彩、不同字体的文字相互组合在一起，产生自由、活泼的视觉效果

图5-1-49 整个版面采用不寻常的字号，使版面乱中有序

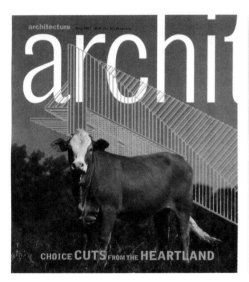

图5-1-50 底图做出血处理，整个版面舒展大气

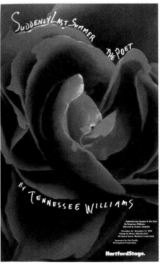

图5-1-51 玫瑰花的形象充满了整个版面，文字沿花朵的边缘排列，增加了版面的趣味性

图5-1-52 中轴线的对称版式设计，给人强烈的速度感与动感，视觉强烈

   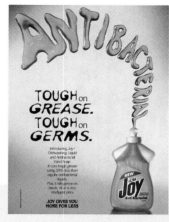

图5-1-53　文字与图形沿中轴线排列，白色的背景使整个版面安静、平和

图5-1-54　电影海报版面的设计，角色演员置于版面轴心，同时绚丽的背景使演员具有独特的气质

图5-1-55　广告设计中文字靠中轴线对齐，稳定、平和，富于韵律

图5-1-56　主要文字弯曲处理，增添了动感与趣味性，引发人的想象

图5-1-57　名片的设计中把文字按照同心圆的轨迹编排，文字由大到小，整体产生节奏与韵律感

图5-1-58　网页版面把图片45度倾斜，引起关注

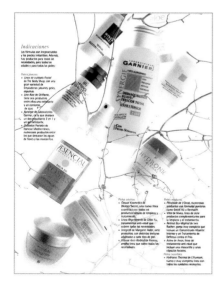  

图5-1-59　各元素倾斜处理，增加版面动感

图5-1-60　主要元素倾斜处理，版面动感十足

图5-1-61　标题文字倾斜处理，强烈的不稳定性与环境一起形成一种紧张的气氛

5. 几何型

在圆形、矩形、三角形等基本图形中，排列图片和文字。

6. 自然型

图片和文字在自然元素造型中成形和排列，或者是无规律随意地编排。（如图5-1-62，图5-1-63）

7. 重心型

重心型有三种：直接以独立的形象占据版面中心向心；视觉元素向版面中心做聚拢的运动；离心产生向外扩散的弧线运动，利用放射线能使人产生扩张感、向心感的作用，可以有效地引导读者的视线。

重心型版式产生视觉焦点，使中心强烈而突出。（如图5-1-64至5-1-67）

8. 指示型

利用画面中的方向线、人物的视线、手指的方向、人物或物体运动方向、箭头、指针等等，指示出画面的主题。（如图5-1-68至5-1-70）

9. 重叠型

在版式设计中，常用文字与文字、文字与图形图像相互重叠的表现方法。文字与图形图像之间、或文字之间在经过叠印后产生强烈的空间感、跳跃感、透明感、杂音感和叙事感，并成为版面最活跃、最注目的元素。这种叠印手法影响易读性，但能造成版面独特的视觉效果。不追求易读，具有现代感的特征，使版面更具艺术感染力。（如图5-1-71至5-1-73）

图5-1-62　各元素随意地排列其间，文字与色块起到了稳定版面的作用

图5-1-63　无规律地编排版面，使整个页面轻松自由、活泼生动

图5-1-64　直接以独立的形象占据版面中心，视觉冲击力强，吸引读者的阅读

图5-1-65　杂志广告把产品特写放置于版面的主要位置，视觉冲击力强

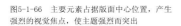

图5-1-66　主要元素占据版面中心位置，产生强烈的视觉焦点，使主题强烈而突出

图5-1-67　主要元素占据版面的大部分，色彩的对比活跃了版面的氛围，引导人们的视线聚焦

图5-1-68　图形的方向性指引着读者阅读相关文字，并且增加了版面的阅读乐趣

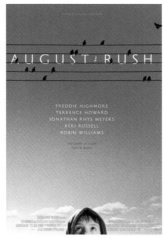

图5-1-69　利用产品的独特个性，运用夸张的处理手法，指引读者的阅读方向

图5-1-70　电影海报的设计利用人眼睛的仰视，使读者沿视线向上阅读

图5-1-71　图片的相互叠加、参差不齐的撕边处理与产品的金属质感形成强烈的对比

图5-1-72　文字与图片重叠排列，使整个版面生动活泼，空间感强

图5-1-73　图形与文字叠加处理，使整个版面灵活

（四）自由式设计的方法

1. 适度的自由

自由式版面设计脱离了网格设计的机械性与缺乏想象力，但仍需要以版面的协调为设计的原则。即使自由式设计可以依照版面中字体、图形内容随心所欲地自由编排，但不适宜一味地追求它的艺术性，过多地使用各种类型的文字，把字号过分缩小而无法辨认，字体虚化，甚至重叠、复加、添加装饰物，使版面杂乱无章，无休止提高成本的做法都是不可取的。部分的不可读仅仅是版面装饰的需要，但不能影响读者的阅读兴趣。

2. 经过设计的自由因素

版式编排设计是一个整体性工作，不仅是单纯地把文字、色彩和图编排在纸上，更关心设计表达什么。自由式设计是具有创意的，尽量弱化与主题无关的过分粉饰，强调设计意念，而不是简单的好看与否，也就是说任何自由的因素都要经过胸有成竹的设计。例如残缺的字母、喷溅的污渍、滚筒的线痕迹等，是雕版和油印时代无法回避的瑕疵，而自由版式编排设计可以将这种瑕疵和错误加以利用、放大，强调"瑕疵"的审美意义，为加强视觉焦点制造刺激感。又如德国设计师岗特·兰堡借鉴超现实主义的表现手法，利用摄影图片为设计素材，对其加以分解、拼贴、重构，把原有的形象解构成近乎抽象的对象，通过现实与想象的结合，表达出个人的想法与观念，使作品达到明确的视觉传达功能。

3. 秩序的建立与打破

自由式设计可以先将比例与尺度、对称与平衡、虚实与疏密、节奏与韵律等形式美法则，控制在一定的差异性范围内，产生传统意义上的"美"。再从人的感知角度出发，通过加强不同时空、民族文化及艺术风格的装饰元素，来增加形式上的新鲜感和刺激感，通过对形式规则的破坏建立另外一种和谐与秩序，以无序的、视觉活跃的方式，追求形式和感官的刺激性。

第二节　图文编排的视觉流程

视觉流程是指信息的视觉语言通过巧妙的编排设计过程，引起读者视线的变化，进行视觉的优选。

一、视觉流程的方式

视觉流程可以分为单向视觉流程、曲线视觉流程、重心视觉流程、反复视觉流程、导向视觉流程、散点视觉流程以及最佳视域等。

（一）单向视觉流程

单向视觉流程有直式、横式、斜式等。直式视觉流程引导我们的视线做上下的流动，具有坚定、直观的感觉。横式视觉流程引导我们的视线向左右流动，给人稳定、恬静之感。斜式视觉流程比之水平、垂直线有更强的视觉诉求力，会把我们的视线往斜方向引导，以不稳定的动态引起注意。（如图5-2-1，图5-2-2）

（二）曲线视觉流程

曲线视觉流程不如单向视觉流程直接简明，但更具韵味、节奏感和曲线美。它可以是弧线形"C"，具有饱满、扩张和一定的方向感；也可以是回旋形"S"，产生两个相反的矛盾回旋，在平面中增加深度和动感。（如图5-2-3至5-2-5）

（三）重心视觉流程

重心视觉流程，一是从版面重心开始，然后顺沿形象的方向与力度的倾向来发展视线的进展；二是向心、离心的视觉运动。重心视觉诱导流程使主题更为鲜明、突出而强烈。（如图5-2-6）

图5-2-1　版面中元素的垂直排列，视线上下直线运动，视觉流畅

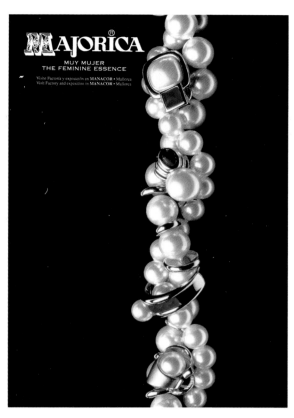

图5-2-2　在时尚杂志内页的版式设计中，主要元素偏右垂直安排，版面效果直观

图5-2-3　文字曲线处理，使两个图形上下排列，具有独特的韵味

图5-2-4　设计展海报运用曲线的设计手法，整个版面空间感强烈

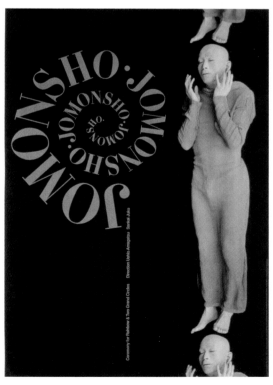

图5-2-5　海报设计色彩统一，字体与人物色彩呼应，图形虚实对比，文字曲与人物直的对比

图5-2-6 版面中文字的重心排列，与小元素的点缀放置，使视线上下移动，文字与图片的排列极具个性

图5-2-7 相同元素的重复排列，使视线反复流动，形成视觉节奏与韵律

图5-2-8 色线的流动是整个版面的亮点，发挥了最大的信息传达功能

停留点安排在注目度最高的位置。(如图5-2-11，图5-2-12)

二、视觉流程的原则

（一）视觉流程的逻辑性

首先要符合人们认识的心理顺序和思维活动的逻辑顺序。例如方向性的暗示、主次的划分等。

（二）视觉流程的节奏性

节奏作为一种形式的审美要素，不仅能提高人们的视觉兴趣，而且在形式结构上也利于视线的运动。它在构成要素之间位置上要造成一定的节奏关系，使其有长有短、有急有缓、有疏有密、有曲有直，形成心理的节奏，以提高观众的阅读兴趣。

（三）视觉流程的诱导性

版式设计十分重视引导观众的视线流动。例如用动与静的姿态捕捉注意力，用人或物某个部位的动态走势强调视觉方向。

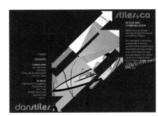

图5-2-9 色块的倾斜处理，通过箭头的引导使两边的文字具有了关联感，整个版面个性感强烈

（四）反复视觉流程

反复视觉流程，是以相同或相似的视觉要素做规律、秩序、节奏的逐次运动。视线就会从一个方向往另一个方向流动。虽不如单向、曲线和重心流程运动强烈，但更富于韵律和秩序美。（如图5-2-7）

（五）导向视觉流程

导向视觉流程，即通过诱导元素，主动引导读者视线向一定方向顺序运动，由主及次，把画面各构成要素依序串联起来，形成一个有机整体，使重点突出、条理清晰，发挥最大的信息传达功能。编排中的导向，有虚有实，表现多样，如文字导向、手势导向、形象导向以及视线导向等。（如图5-2-8，图5-2-9）

（六）散点视觉流程

散点视觉流程，是指版面图与图、图与文字间成自由分散状态的编排。强调感性、自由随机性、偶合性、空间感和动感，追求新奇、刺激的心态，常表现为较随意的编排形式。它的阅读过程不如直线、弧线等流程快捷，但更生动有趣，这正是版面刻意追求的轻松随意与慢节奏的效果。（如图5-2-10）

（七）最佳视域

最佳视域是指在版面设计时，将重要的信息或视觉流程的

图5-2-10 文字自由排列处理，视线在页面中分散移动，版面轻松

图5-2-11 文字放置于注目率高的左上角位置，同时图片的放大处理，使整个版面视觉冲击力强烈

图5-2-12 版面中饮料的放大特写处理，吸引视线

第三节　图文编排的创意

一、创意原则

（一）创意的主体性

创意的主体性，即总体构想下的突出重点、捕捉注意力等视觉流程策划，根据不同的设计要求，形成不同特点的版面形式。设计从开始到结束，对于视觉流程风格以及细节特征的把握应与主题达成一致，不能一味求新求异，而忽略了本质特征。由主题所延伸出的内容，如媒介因素、环境因素、受众因素等，无疑都直接影响视觉流程的设计。

（二）设计的计划性

设计的计划性，深入探究创意计划，要对设计任务要求的预设受众、资金投入等进行通盘考虑，仔细研究并选择设计手段，立足于信息传达的目标要求，才能确保信息传递的准确性和力度。

图5-3-2　作为商品的宣传，去底的图片很有其方便之处。图中两条牛仔裤排列出品牌的"X"标志，不仅很好地突出了品牌，也使得版面显得平稳有致。白色的品牌文字"X"在灰色底图的衬托下更加的鲜明，置于图片之上，与图片所表现出的"X"相对应，很好地通过产品的氛围来强调主题

（三）元素的逻辑性

元素的逻辑性，既符合人们认识过程的心理顺序和思维发展的逻辑顺序，又使各个视觉单元的方向性暗示、最佳视域以及各信息要素在构成上的主次关系合理清晰。版式设计的视觉流程是人们在阅读静止的视觉元素时，形成的一个动态过程。在这一动态过程中，设计者应对所有要素进行合理的主次关系的充分认识和理解，在此指导下，进行合理的编排。

（四）艺术的适用性

艺术的适用性，即在视觉容量限度内应有一定强度的艺术表现力，具备多层次、多角度的相应的视觉效果，注意视觉要素之间的节奏感与韵律感等形式美语言。更好地展现设计的视觉艺术魅力，让版面风格具有创造性。

二、创意方法

（一）设计定位突出主题

1.设计定位突出品牌名或商标

品牌最突出的一般是其特有的标志与辅助图形，或者已经在读者印象中形成定式的图形图像。可以通过醒目的品牌标志或产品气氛来强调品牌。品牌形象的突出，也可以是版式设计创意的出发点。对于已经被大家所认可的品牌，有时候不需要特别强调细节或者质量等问题，只要品牌的标志在版式上出现，无需多看就会知晓其产品的特色及质量。在色彩方面要考虑生产商的形象色，而不宜选用与此无关的色彩，目的是通过色彩强化消费者对它的辨识。（如图5-3-1至5-3-5）

图5-3-1　品牌的标志——鳄鱼头作为底纹有序的排列，使品牌形象突出，主题鲜明
（右侧用带有品牌标志的模特局部图片占有很大的版面以引人关注，让人们通过淡绿色的内衣上的标志感受公司所宣传的本意；品牌文字明显地覆压在图片上，展示于版面的正下方，且白色字体的运用使得品牌更加鲜明，突出了品牌作为主角的关系，文字的强调与底纹的辅助相互辉映，达到了突出品牌的目的）

图5-3-4

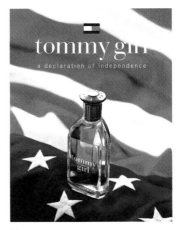

图5-3-5

图5-3-3 利用特写将服装产品的局部放大，往往具有很大的张力感，光线的作用也使立体感特别强
（产品标志自然地通过背景产品图片表现出来，黄色的服装和绿色的标志对比强烈，达到了突出主题的目的。虽然没有过多的说明文字，却仍然达到了商家的目的）

2. 设计定位突出产品

一般把产品的形象放在醒目位置，商标放在次要位置上，而没有消费者的形象；要非常直观地向消费者介绍产品的外形，画面简练，给人以赏心悦目的感觉；从产品的特点、分类、使用方法来定位。强调产品的形象色可以使消费者很快辨认出产品特征。（如图5-3-6至5-3-8）

图5-3-6 把产品的形象放在很醒目的位置，鞋子的造型简洁、色彩艳丽，具有一种非常大的视觉力度，强调了主题，使版面具有一种体积感，直观地向消费者介绍了产品的外形；画面简练，加上跳跃的文字给人以精巧轻盈的感觉

图5-3-7 口红产品的局部图片统一朝同一个方向，把读者的视线引入版面的视觉中心；红色使版面富于强烈的视觉冲击力；同时版面中重复地使用产品的外观图片；很好地强调了产品的主题；品牌字体和说明字体很符合产品特性

图5-3-8 产品的图片放置于版面的中间，与右侧产品图形文字说明形成对比，更增加了产品的力量与体积感；运用和产品外形相对应的块面进行文字排列，并将文字和画面进行有效结合

3.设计定位突出消费者

突出消费者的版式编排设计是为了强调产品的主要服务对象，把消费者的形象放在很突出的位置，明确产品究竟是给哪类人服务的。在一个版面中，以消费者为重点，进行创意排版，会引起所针对群体的注意。例如婴幼儿用品、儿童用品、女性化妆品，或者老年保健品，以针对的消费主体的心理特点的不同，色彩定位应考虑消费者的年龄和性别而做出不同的处理。（如图5-3-9至5-3-13）

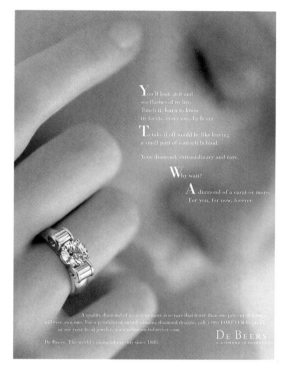

图5-3-9 钻戒是整个版面的主角，用消费者面孔的虚来衬托产品的实，在肉色的画面中，突出了银色的戒指，表现得相当自然；非常细小的说明文字表现了产品细心地呵护情感，很自然融入背景之中

图5-3-10

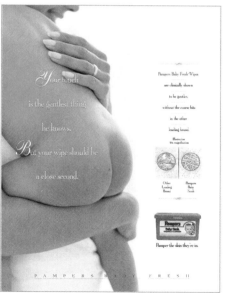

图5-3-11

图5-3-12 用婴儿的局部形象确定了消费者主体，利用富有生命力的形象来感动读者，具有视觉和情感双重的吸引力和冲击力；纵向构图把消费者占2/3，产品占1/3，把使用这种商品的消费者很自然地表达出来

图5-3-13

（二）设计要素突出主题

1.强调文字

文字是构成版式编排设计的基本元素之一，字体的字号、字体间的字距和行距不同，给我们带来的视觉感受和心理反应也不同，文字赋予版面以无限的魅力，因此研究版面中文字的使用方法，显得极其重要。

文字在版式编排设计中，既可以配角的身份作为版式设计元素去搭配设计中的主要图形，也可以取代图形，以主角身份独自作为版式编排设计中的主要图形。在非常繁琐的版面中，如果出现明确的、醒目的、有变化的字体，会形成特殊的观感。可以再用特写、设计字形、字体风格等强调某一部分文字，力度和表现手法的不同，可以形成不同的气场。对于个别图片不宜或者拉伸不到整个页面宽度，可以在将一些重点性的文字单独提至图片，用不同于其他文字的特殊字体、字号来修饰图片空白处，以弥补版面的不足。在文字不多的情况下，不要分多个文字块，最好集中在一处；对于其中的重要部分，可以采取加粗加大字号等方式用以突出其和其他一般性文字的不同之处。（如图5-3-14至5-3-17）

2.强调图形

图形是版式编排设计中一个重要的设计元素。在一个设计版面中，由于出现特别的图形而获得强调效果，营造不同的气氛。可以通过加强图形的分量，包括加强图形色彩的对比、图形大小的对比、图形位置的对比来强调主要图形，突出主题。图形的反常比例、反常透视、反引力、反常肌理、变异形、多物合一等特异形式，也能引起读者的注意。（如图5-3-18至5-3-22）

图5-3-14 整个版面以文字的大小增加节奏感；由于字体的尺寸特别大，而非常引人注目；红色排开的文字置于灰色图片之上，撑满了整个版面，使整个版面非常饱满

图5-3-15

图5-3-16

图5-3-17 文字大小错落有致地排列，使画面轻松而有序
（标题文字和说明文字的大小悬殊以及色彩对比，造成了强烈的视觉冲击，使画面具有强烈的形式美感，强调了红色大文字的重要内容）

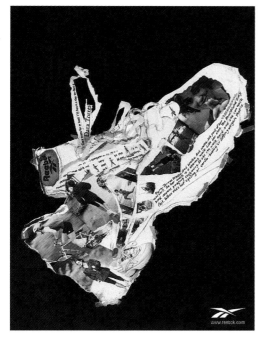

图5-3-21

图5-3-22

图5-3-20　鞋子的造型醒目，强调了主题
（在鞋子的造型中各种报纸、图片以自由形重叠出现，更具变化而增加乐趣，也让人们对鞋子更加的关注；黑色的背景把鞋子的整体造型衬托得更加明显）

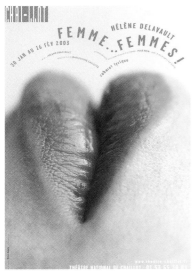

图5-3-18　红色图形占有很大的版面，以引人注目，局部特异的构图营造出不同的气氛，突出主题
（红色的文字非常细致地以弧线沿着嘴唇的弧度分布排列，文字大小、疏密的对比产生了鲜明的节奏感，与下面图形有很好的呼应，同时也强调了图形的主题）

图5-3-19　趣味性的插图倒置，占据版面很大的位置，吸引观众视线的同时说明主题；文字的编排作为配角与插画相协调，让版面的气氛显得相当活跃

3. 强调色彩

色彩有自己的性格和表情，它们的搭配和版式内容也是息息相关的。设计作品时，首先要根据内容确定色彩的基调，如暖色调、冷色调、灰色调等，在此基础上进行对比、变化。一般情况下，在画面中70%是协调，30%进行对比，对比强烈的部分往往是主体部分。

文字居多的情况下，色彩的安排是相当重要的，它可以吸引人的注意力，形成不同的层次。同时人们也会跟着这种色彩的强调，下意识地接受产品或宣传。我们可以采用强烈的色彩增加吸引力，也可以通过明度差别、色相差别、纯度差别提高辨认率，突出重点，强调主体部分。

色彩不仅给人以性格感觉，而且能增加空间的立体感。在暖色调中，如红色、橙色，是突出向前的；冷色调中，如蓝色、紫色，则有阴暗向后退缩的效果。我们可以改变色彩的明暗度及纯度来创造效果变化：灰色属于暗色调，黄色是高明度，紫色则是明度最低，红色和绿色为中等。大范围色彩有较大的视觉强调，这点必须格外注意。尤其是在版式设计运用色彩的时候，因为大部分的字体面积比较小，所以除非使用特大粗体字，否则色彩纯度必须降低。这时，可以采用比实际纯度要高的色调作为补偿。

页面不一定非要用一些图形来修饰空白区域，单纯的底色也可以显示出干净大方的特点。色彩很少是单独出现的，因此要了解色彩彼此之间的互动关系，最好的方法就是不断地尝试。一般情况在红底、绿底上放白色，黄底、金底上放黑色，银底上放黑、黄、橙、白最明显。（如图5-3-23至5-3-27）

图5-3-23 背景绿色与局部黄色的运用在版面中显得非常醒目与明快，起到了活跃整个版面的效果；黄色与绿色都给人一种清爽、活力、能量的感觉，与版面主角——啤酒的味感相联系，突出了主题

图5-3-24 金色的香水瓶在深蓝色的背景图片中相当醒目；由于整体的色调非常暗，这里的金色恰到好处，非常协调；同时深蓝色的总体色调增加了一种神秘的氛围，与产品想要传达给人的信息相契合；整个版面设计中对于色彩的利用是很成熟的

图5-3-26

图5-3-25

图5-3-27

（三）形式与内容统一

版式编排设计所追求的完美形式必须符合主题的思想内容，这是版式编排设计的前提。只讲完美的表现形式而脱离内容，或者只求内容而缺乏艺术的表现，版式设计都会变得空洞和刻板，也就会失去版式编排设计的意义。只有将二者统一，设计者首先深入领会其主题的思想精神，再融合自己的思想感情，找到一个符合两者的完美表现形式，版式编排设计才会体现出它独具的分量和特有的价值。（如图5-3-28至5-3-30）

图5-3-29

图5-3-28 倾泻而出的秀发置于版面中心，让人们的眼球首先被吸引，营造出版面的视觉冲击波，给读者以视觉的惊喜，仿佛顺滑的发丝就在指尖；置于版面中的说明性文字整齐纤细，版面文雅大方

图5-3-30

（四）强化整体布局

将图与图、图与文字、文字与文字等版面各种编排要素，在编排结构及色彩上做整体设计，强调其整体性。例如格式的近似、疏密的配合、强弱的对比与呼应、色彩的延续性等。

当图片和文字少时，则需以周密的组织和定位来获得版面的秩序。即使运用"散"的结构，也是设计中特意的追求。对于连页或者展开页，不可设计完一页再来考虑另一页，否则必将造成松散、各自为政的状态，破坏了版面的整体性。如何获得版面的整体性，可以从以下方面来考虑：

1. 加强整体的结构组织和方向视觉秩序，如水平结构、垂直结构、斜向结构、曲线结构等。（如图5-3-31，图5-3-32）

2. 加强文案的集合性。将文案中多种信息组合成块状，使版面具有条理性。（如图5-3-33，图5-3-34）

3. 加强展开页的整体特征。无论是报纸的展开版、杂志的跨页，还是展版系列，均为同视线下展示，因此加强整体性，可获得更良好的视觉效果。（如图5-3-35至5-3-38）

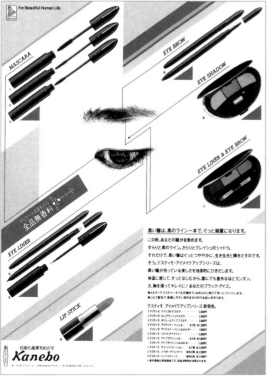

图5-3-31 整个版面结构都以同一角度沿对角线倾斜排列，使得版面中文字与图像内容的安排有一种方向的视觉指示作用，合乎形式美的原则；通过画面中的斜向结构产生动感，使版面显得灵活且富于变化，是一种大胆的版面处理方法

图5-3-32 去底的自由形使主版面具有一种自由的气氛；黑色的背景相当沉稳，各种特别图形平稳有序地排列于版面之上，体现了稳定中的变化，对称中的和谐

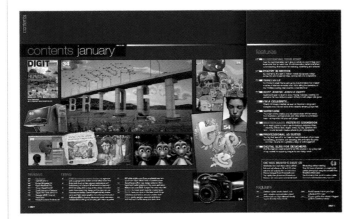

图5-3-33

图5-3-34

图5-3-35

图5-3-36

图5-3-37

图5-3-38

实训作业一

课题：网格设计的理性与规范

目的：网格设计不是简单地将文字与图片进行罗列，而是利用其条理性将信息进行整体布局。因此要掌握网格设计的基本方法。

内容：

标识设计
——面对复杂人文环境对标识的展望

如今，标识不仅仅是广告和指示牌的一种方式，而且是作为我们的景观中一个新的要素，成为新的亮点。

对标识的展望

随着我们周围环境中的图像和图像技术使用方面的发展，出现了价值观被更新的潮流。这一潮流之中的一个部分便是对于"标识"的重视。传统上认为标识只是一种广告的手段或者交流的方式；在今天的生活中，交通标志和信号灯则是必不可少的。

今天的标识已经成为人类与现实社会的一种接触方式。在这个信息化的世界中，交流正在被重新评价，人类正试图让其按照自己的意愿去发展。可以说，标识描述了一个新的价值观——它不仅是物质产品生产的一项实用技术，并且说明怎样去使用这些产品。

标识的两个功能

标识是通过符号来传达事物意义的一种方法，但究其本意，它还是一种自我创造的过程。在日常生活中，我们周围所有的物体都可以从标识的角度去观察。标识的最终目的是以其最优化的信息形态，让人们产生正确的联想与动作。

传统的形式概念中，生产力的改变和对项目的功能性的探索是两个重要的课题。但是，对人类的心理方面的适应，也应该是同等重要的。人们确信，全面掌握这两个方面的问题，有助于建立一个后工业社会的概念。

在这个媒体符合经济原则的世界，标识的功能性不断发展导致了交流形式的多样化，同时符合人类的意识形态。如同信息和互联网那些不可触摸的物体一样，标识设计已成为拓展符号和景观设计领域的一项新技术。

标识与景观设计

在建筑设计中，不能简单地只考虑形式的问题，必须统筹考虑建筑与周围环境之间的关系及其意义。在景观设计中，除了个别情况以外，建筑和景观的一些要素也需用符号来表述。

现代建筑和环境景观的表现方式，近年来已经有许多新的大胆的尝试。标识不仅在其载体设计上大有改进，树木、灯具和水体这些用于传统景观领域的因素，也正在重新获得人们的注意。这些领域似乎正在彼此融合，传统与现代的界限正在逐渐消失。

[重点提示]

基于设计方案，理解网格是对整个版面上的图片和文字进行条理化的作用，用理性的思维分析内容主题、编排设计元素。画面版式分析应从大处着手、整体把握。确定页边距之后，再设计网格格式。网格通常有一定的比例关系，或者是等量分割，在练习时应注意技巧，网格起到辅助线作用，用灰色线条表现，位于编排元素之下。

1. 最初了解网格的概念，学生不容易上手，可以先从简单的栏目开始，逐步复杂。在这个过程里，依然不能忽视草图的重要性。应该读图、读文字，做到心中有数，通过草图进行初排版。

2. 首先设定页边距、页眉页脚等，再划分网格线，网格线适宜使用较细较浅的色彩，起到定位作用。

3. 对各类信息进行分类，建立信息等级。

4. 用素描的明暗分析法来感受版面的黑白灰，确定标题或者主题图片等关键内容的位置、大小等。

5. 不能完全拘泥于网格，也可以尝试出血设计或者局部地突破网格。

要求：制作在A3纸上，进行A4的对页设计，作业4幅。规定设计内容和网格结构设计形式。

①文字、多幅图片，可以适当加一些几何形、线形。

②对文本信息进行分类、分区，形成简单的网格基础。制作之前，绘制多种方案的小稿，有利于网格调整、把握节奏。反复强化作品分析，建立整体效果。

作业讲评：

①版式的编排设计中运用网格编排图片与文字的知识，大多同学能够灵活掌握，但细节的表现较弱，使整个版面的亮点不够。

②忽略页边距，造成版面过于拥挤；部分作品留白不合理，浪费了黄金的阅读空间；图片关键部分的跨页，损失了图形元素的美感，文字的跨页导致不可读。

③有的网格线形同虚设，学生并没有真正地利用好设置的参考线，视觉上明显能看出不合适的比例关系或者没有相互制约的图形与文字。同时不可避免的，也有学生过于严谨，使得作品缺失生动性。

④网格是限定元素排列空间的，一般情况不用体现在页面之中，只有特别需要通过加强线形来增强视觉效果时才保留。

⑤版面的设计图片的选取是很重要的环节。部分同学很少注意到这个问题，使整个版面不够精彩。文字的字体、字号、色彩等搭配设计欠妥，使整个版面不协调，缺乏档次。

⑥版面设计中大多仅注重图片的编排设计，没有考虑与文字的整体关系，整个版面浮于形式，内容主题不够突出。

⑦版面设计中色彩的设计是很重要的，但大部分设计没有考虑到色彩的关系，用色单一，不协调，还有待提高。

课后作业：

收集优秀网格设计作品10幅，进行网格分析。网格设计应用的领域较广泛，学生收集优秀的作品，应该理性地思考与分析。这些作品不一定第一眼就能判断其网格分割方法，同时也应该观察优秀作品的各个元素是如何进行组合的。适当的网格可以增加比例感、清晰感、准确性，但元素的细节变化仍可以使画面活跃，在秩序中具有独特性。

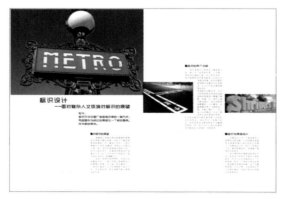

实训作业

课题：个人简介自由式的排版风格

目的：运用自由式的排版风格，归纳元素信息，区别于网格设计，尝试版面的解构、版心的无疆界、字图一体、文字的不可读等手段，表达思想与情感。使学生理解网格设计与自由设计的方法，掌握版式编排的最基本手段。完成个人简介自由式的排版风格，更能体现个人风格和张扬个性。

内容：作为设计专业的学生，个人简历是体现其专业水准以及个性特征的作品，在公共交流中起到了宣传与广告的作用。

要求：草图若干，定稿后成品1份。

①在版式和造型上有所创新，体现个性特征，训练学生的创造力和想象力。

②除了版面的结构特征，还应考虑到主题的展现，合理地使用图形、色彩、文字，体现版式设计的韵律、黑白灰等。

作业讲评：

①在个人简历版面的编排设计中，运用自由编排版面的知识，大多同学能够灵活掌握，能够传达出自己的个性。但版面设计元素如图片、文字、色彩等的整体设计欠严谨，细节表现不足，使整个版面形式分散。

②版面信息过多时，不能按照分类分组的原则编排，版面设计中大多仅注重图片的集中编排，没有考虑与文字的整体关系，忽略了整体性。

③版面设计中较少考虑到色彩对整体的协调作用，但大部分设计用色单一，有待提高。

[重点提示]

1. 确定适合自己个性特征的纸张规格与材质，男生突出深沉、张扬、宽广，女生可突出细致、柔和、灵巧等特质。

2. 在版面上划分层次与区域，预留个人信息的各个板块。将所有排版的内容罗列出来，选择图片、进行归类，整理文字，增加标注。

3. 构思各类元素的组合方式以及画面的黑白灰效果。

4. 展开页应注重整体效果，从左向右阅读，但考虑到折叠后的封面封底，应事先制作草图，排序版面。展开页还应具有连贯性，可以考虑色彩的调和、页眉页脚的呼应、类似的布局等形成统一视觉识别的手段。

5. 好的方案在于创意，制作之前应当大量收集相关作品，学会各类技巧，运用到自己的作品中来。

图片均为学生个人设计作品，文字内容自拟。

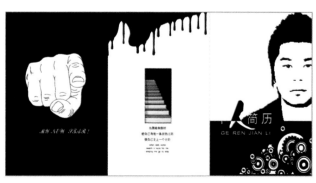

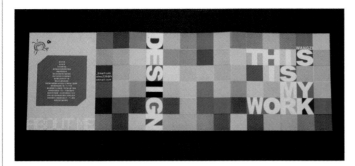

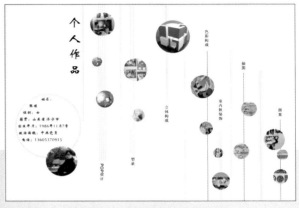

实训作业

课题：体现综合素质的杂志整体探索设计

内容：16开杂志设计制作。

目的：总结杂志版式设计特点，掌握图文编排的创意方法。

要求：封面封底，卷首1页，目录2页，内文6页。

作业讲评：

①杂志中插入人物图片的时候，为了使版面丰富，可以通过改变图片的形状、倾斜、打散等处理手法，但人物图片加黑框是禁忌的用法——中国传统的思维方式，加上黑框的图片会给人不好的感受。

②作业中，很多版面给人太满、不舒服的感觉，这就是图片与文字、文字与文字的距离处理不当所引起的。杂志的排版中要特别注意字距、行距的处理。

③但同时要注意到，杂志文字的编排一定要具有可读性与易读性，应避免深色底搭配深色文字的处理，或浅色底配浅色文字的做法，这样会影响阅读。同样文字的排版应符合文章的内容，不要为了追求效果使用过多的字体，反而适得其反。

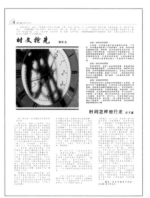

[重点提示]

杂志的内容既丰富又是各自独立存在的。在杂志版式设计的作业中，每一页都有一个完整的版面结构，同时又通过页眉页脚的设计使其具有视觉的流畅性。杂志版面中最重要的一环就是图像的位置布局。杂志版式作业中，图片的编排并不仅仅局限于图片的直接插入或某种图形的装饰化表达，而是利用裁切图像、出血图形等多种组合方式，在版面中形成多种版面形态，这点很重要。

实训作业

课题：体现综合素质的书籍整体探索设计

内容：《让陕西更美好》精装书籍整体设计。

目的：围绕陕西的历史与民间文化两个大方面选材，掌握图文编排的创意方法。

要求：书盒（一定能够正好装下内部的书籍，不能过松或过紧）、护封、硬皮封面与封底、腰封、环衬、扉页、目录、章节页、内文6～8页（正文文字、页眉页脚、页码、图片编排）、版权页、独立的书签。

作业讲评：

在这组作品中可以看出学生对陕西民俗的理解，挖掘民间特色的视觉符号，每件作品都能有一定的地方文化特色，主题明确。从设计的角度来看，画面的表现手法熟练，黑白灰关系明晰，制作材质丰富多样。一些版面设计很大胆，大面积的画面出血，中英文相结合设计的主题，文字散点排列，非传统的左右对齐文字，色彩的夸张使用，能看得出学生在设计中用心思考，突破对传统的民间符号认知，这是非常好的，将视觉文化符号配以现代的设计表现手法，打破常规，设计构思新颖。设计中肌理手法的表现也很丰富，底图大面积的材质质感，懂得运用文字排列设计出特殊的文字肌理，也从版面结构当中看到学生对网格设计的掌握。文字的排版是学生的设计弱项，在一个版面当中过多地使用字体，主标题字体与内页文字没有呼应，有些文字字号、字间距过大。整本书籍的正文文字间距、行距、都需要严格统一。有些排版方式过于求新，反而在阅读过程中给读者造成阅读难度。应当将每一段文字当作一块灰度的面，不能将文字每一段每一行当成一组个体，应与图形相结合；在色彩使用上应当更加注重整体协调性，尤其是内页配合图形出现的色块应当与图形色调相一致，不能过于抢眼。

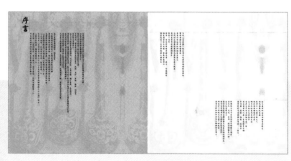

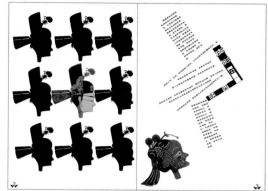

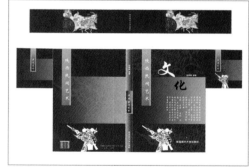

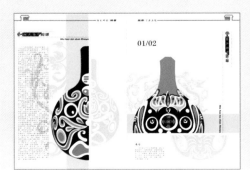

以下就两套较优秀的学生作品进行评析。第一套书籍设计作品命名为《寺·寻迹》，该作品最大的特点是将肌理效果的牛皮纸作为封面设计效果，将传统的工笔白描叠加于封面之上，封面与内页的图形所占据的位置大小比例都很到位，营造出的气氛也很传统，符合书籍主题。书籍封面下半部分设计的大雁塔线描效果传达意图到位，只是电脑修饰的痕迹过于明显，假如用铅笔或钢笔手绘出，再制作于其中效果会更好。

第二套学生作品题目为《社火马勺脸谱》，在设计中对画面的黑白灰关系把握尚可，版面设计很大胆，也融入了对传统文化的理解。学生在设计过程中还是有不足，例如学生在设计这些主题书籍的过程中一味寻求版面，以及文字组合的创新，忽略了本身所表现的民俗文化主题，每一个版面几乎都涉及了民俗文化符号，但都没有能进行再思考再设计的过程，只是照搬传统。例如马勺图案，学生可以将其放大占据整个版面，表面上视觉很抢眼，但还应该有所突破，作为设计师应该将更多的个人理解融入作品当中，可以将马勺的图形再进行一些设计。

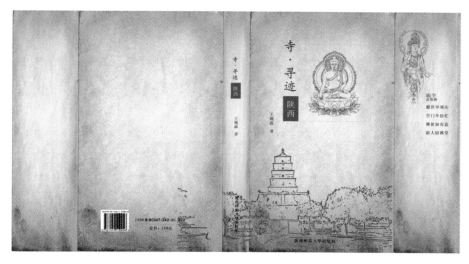
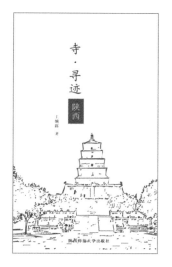

《寺.寻迹》

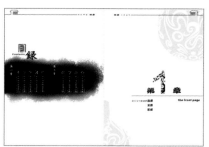

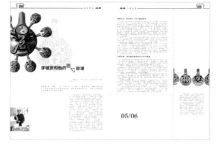

《社火马勺脸谱》

实训作业五

课题：分析总结书籍再设计

目的：总结改进提高。

内容：学生对以上书籍进行二次设计（对比案例展示）。

　　要求：学生讲述设计方案、设计思想，同学们进行讨论，教师在课堂上点评，提出修改意见。

原图黑色框无论排列方式或色彩使用都过于突兀，去掉后显得整体感好一些

[重点提示]

　　每个学生都要大胆讲述自己的设计作品，对提出的问题要认真思考。

以上作品主标题不够明显，修改后不仅版面有了秩序章法，主题也更加明确了

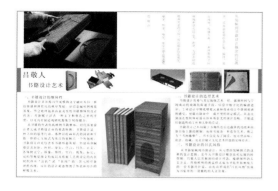
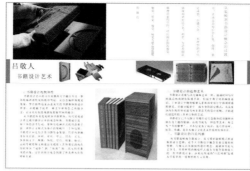

原图过于饱满，修改后将文字版式间距调整，图片也略微缩小，版面显通透

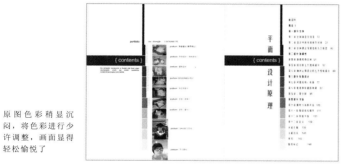
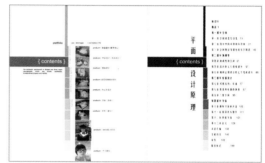

原图色彩稍显沉闷，将色彩进行少许调整，画面显得轻松愉悦了

原图黑色文字团块过于沉闷，与画面柔美的主题相冲突，改后画面协调一些

原图右上角四个色块，不仅抢夺眼球而且无任何阅读信息，去掉色块后将相片背景稍作处理，由于色调明度不高，很自然地融入版面当中

原图左侧图章过于抢眼，破坏了封面儒雅的设计意境，修改后文字无论从色彩还是大小控制显然自然舒服许多，画面协调，主题突出

版式编排设计欣赏

CHAPTER 6

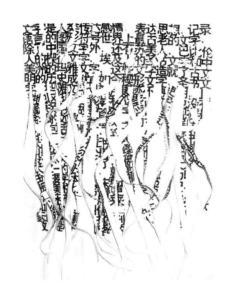

学习目标

在学习版式编排设计过程中，一定要通过欣赏大量的优秀作品来开阔眼界，提高审美能力，深刻理解这些优秀设计大师或新锐设计师的优秀设计作品的设计思路和成熟设计表现构成技巧，以及细节的处理方法，并从这些优秀设计作品中有所吸收、有所转化，培养借鉴创意思维能力，激发设计创作动力。

学习大师，体会其精神，学习其技巧，灵活运用创意的一切手段，不断提高学生的版式编排设计质量和品位。

新锐设计师作品
著名设计师作品

第一节　新锐设计师作品

设计师不仅要对美的细节有较强的捕捉能力，还要有严谨的工作精神以及丰富的阅历、经验，这是对其专业知识、文化素养、人生阅历等的综合体现。

新锐设计师是近几年毕业的，在社会上有一定业绩的年轻设计师。他们精力充沛、思维敏锐、勇于实践，并且善于使用计算机软件实现多种设计效果，他们有扎实的大学专业基础和传统文化根基，设计能力日臻成熟，能够将实际的、经济的、美观的商业作品呈现出来。他们是业界一支有活力和朝气的主力群体，他们活跃在广告业、包装业、出版印刷业、会展展示业、影视业和教育业等等，在社会建设中发挥着重要作用。

我们在这里展示的就是这样一批追求设计梦想，并在设计的专业领域中取得一定成绩的新锐设计师的作品。以版式设计为例，包含了企业形象设计、包装设计、广告设计、书籍设计、多媒体界面设计、宣传页设计、网页设计、展示设计等，作品着重阐述设计理念与表现手法。

优秀作品展现出年轻设计师们如何从模仿到独立创作的华丽蜕变，将设计的魅力体现出来，呈现给社会最绚丽的作品。

设计师：向阳
SGDA 深圳平面设计协会会员
CCII国际企业形象研究会会员
IDA ICOGRADA会员
CPTA陕西省包装技术协会会员
曾任深圳陈绍华设计有限公司设计主管
北京东道设计公司分公司创作总监

客家小厨VI设计
　　标志采用"客家小厨"四个字为元素进行设计，字体活泼，版式与色彩给人以醇正、温馨的视觉效果。作品包括：餐具、包装、礼品、导视等。

"人人居"VI设计

　　标志采用"人人"两个字组合设计而成，下面的汉字用线形分隔，版式疏朗开阔。

　　根据主题设计了贵宾卡、餐具、包装、导视和户外形象。

中国皮影文化衫设计

　　古老文化符号和现代动感形式的结合，体现了文化的和谐
共生。版式设计表现出传统文化与时尚结合的设计潮流。

可尔绮羊绒服饰有限责任公司VI设计

　　可尔绮标志采用蒲公英的抽象图形和"可尔绮"拼音"KERQI"组合设计而成。整
体色彩采用同类色，更能体现高雅的气质和品牌的高品质。

　　设计根据企业特点，有商场的卖点环境设计、包装手提袋和包装纸设计、吊牌设
计、办公用品设计、名片和质保卡设计等等，系列设计展现了企业的整体形象。

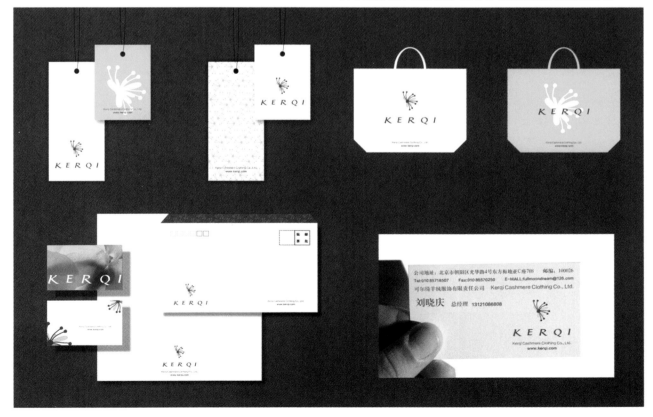

从融文化VI设计

　　主要服务于金融业的印刷企业标志，采用从融文化的"从"的第一个字母C，同时是古钱币的造型；色彩以深红色和金黄色为企业标准色，红色代表企业蒸蒸日上，金黄色代表企业行业特征。信用被认为是金融的核心，所以企业的整体版式设计多采用横平竖直的编排形式以及稳重的色彩和企业字体，体现其企业理念。

"食为先" VI设计

　　"食为先"标志设计，整体造型为中国的"中"字，圆形的背景为四君子的"梅花"和"兰草"，整个设计线条和色彩清新淡雅，具有浓厚的中国餐馆的文化特色。

　　系列作品为：餐具设计、VIP卡设计、广告设计等。

"飞天一叶"包装

　　"飞天一叶"茶叶包装，突破以往以绿色为主色调的包装，大胆启用了黑色、金色搭配，低调又不失华丽，优雅的底纹图案和具有文化特色的书法，表现了香醇的茶质，显示出高贵的格调，具有良好形象。

　　版式设计以黑色为主，金色以点缀和强调。外包装盒采用对称的形式，稳重大方，中间的金色带上借用黑色的字体和图案，极大地丰富了设计内涵。

房子是新的好，地方还是老的好。

虽然住了新家，呼吸的却还是那童年的记忆。

TEL/+862139517777

设计师：王文军（AVEN）
现属单位：易居中国

"悠活城"宣传页设计
　　"悠活城"版式采用大图形式，体现了恬静、自在。品牌在左上角，符合视觉流程，说明文字与图强制对齐，让品牌和广告图更突出。

"御华山"楼书设计
　　整个色调以黑白为主，版式横平竖直的形式，显示了高贵的气质，设计简洁大气。

设计师：陈岩
现属单位：西安印钞公司
工艺美术师

《浮萍无根》系列书籍的装帧设计
　　四本书全部采用抽象的图形，紫色的灰调子温文尔雅，体现了散文的浪漫、水墨的随意及现代诗的激情。

设计师：袁皓明
现属单位：曲江华平置业有限公司
曾效力于逸飞公司海口分公司
天地源股份有限公司
美国华平投资集团
曾参与海南马自达企业形象设计，海航集团
各股份公司产品视觉推广，美国华平投资集
团西北项目新乐会商业街开业形象包装

家春秋国际美居中心户外海报

　　海报一般所出现的位置和环境较为
复杂和特殊，有着纷繁的商品和大量的
流动人群，怎样能在众多的人群中让海
报脱颖而出呢？海报在此一定要强调功
能性明显的海报主题以及让人群易记的
画面。海报在视线中往往转瞬即逝，所
以言简意赅的视觉元素才是设计海报的
重中之重。视觉语言不在多而在精，少
量的元素和简洁的版式设计，清晰地阐
述海报要达到的商业目的即可。

"新乐汇"开业的1/2版面的报纸广告

　　报纸广告是我们日常生活中较常见的媒体之一，它覆盖面广，运营成本
低，是许多商家投放广告的首要选择。但在信息时代，纸类传媒方式已经慢慢
被其他的传媒方式所追赶甚至超越。所以，报纸广告的主题文字尽可能简短、
醒目，便于读者在最短时间内捕捉到有效信息。且版式包括主画面与文字版
式，不可过于繁杂，以便于让读者清晰地看到所要传达的信息。

　　该海报主题明显，画面对比强烈，将人物与商品巧妙结合，让人过目不
忘。主题立意明显、图片对比强烈才是报纸广告成功的杀手锏。

画册设计

　　广告公司形象类系列广告设计，设计最完美的状态就是文字和图形的高度契合。设
计不是简单的元素堆积，无论是字体的大小、字体的选择、位置的摆放都是经过推敲而
定，一切都是刚刚好，点到为止，多了显繁琐，少了显势单力薄。版面干净透气、色彩
稳重，耐人寻味。

设计师：杨朔
毕业于西安建筑科技大学
陕西省摄影家协会会员
作品《生命符号》入选首届中国红十字会国
际公益海报大展
参加西安《平面为墙》平面设计师作品联展

古镇西塘的旅游杂志广告设计

　　右图版式编排设计采用网格式，构图稳重均衡，图文清晰，左上角"古镇西塘"四个字古朴富有变化。左图版式编排设计采用双栏格局，文字和图采用交叉编排，大方又不失细腻的变化。

"瑞友天翼5系统"中国计算机报广告

　　两幅广告均采用抽象的图形"点"和"无穷大"强化视觉，单纯的色彩引起注意，起到了画龙点睛的作用。

　　标志和说明文编排在版面下方，精致大方。

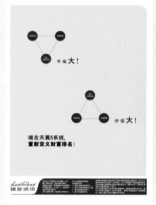

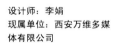

设计师：李娟
现属单位：西安万维多媒体有限公司

宁夏博物馆界面设计

　　庄重、文化气息浓厚，具有鲜明的民族特色。为了更好地衬托博物馆的恢弘大气，设计师采用了简单明了的版式设计风格，用"舵"转载着历史的痕迹。复古的底色又不失现代文明的气息，形成光与火的交融。界面设计中突出了地域特色，把远古的信息传达给现代，沧桑粗犷中流露出细腻。

设计师：郑建军

报纸广告版式设计

日本旅游活动手册
　　手册的主要位置安排了日本的富士山，深蓝色的背景代表日本周边的大海，采用金字设计，版式开阔、深邃、高贵。

海南新国宾馆宣传画册
　　酒店宣传画册需要简洁高雅，传达现代感。大块留白空间，图片大小组合，错落有序。较细的字体，表现出干净、高雅的风格。应用酒店内部花纹的点缀，统一画册的整体效果。

设计师：刘维祥
现属单位：西安意度品牌设计公司
创作总监

《八面来锋——陕西青年篆刻家八人集》书籍设计
　　以黑色为封面，纵向金色题字设计在左下方，字体经过特殊设计，又使用了磨砂纸质，具有很强的装饰感。内页采用白色，白色扉页上红色的书名很醒目。整本书版式设计高贵典雅，透出中国文化的含蓄和神气。

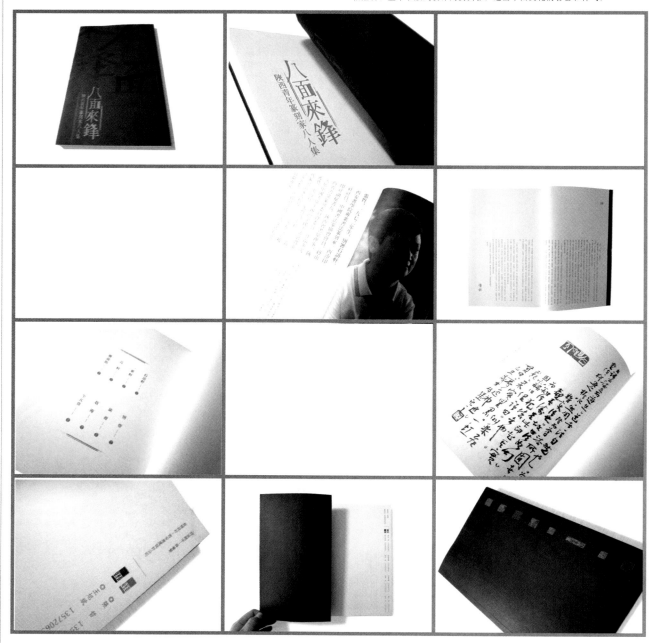

《陕西书法》书籍设计

　　《陕西书法》的封面采用了浮雕的雕塑图片，左边纵向书写着"陕西书法"，使用了肌理效果的纸张，有文化底蕴。内页版式采用横栏的形式，字体是纵向书写，体现了中国书籍装帧的传统文化手法。

"西安市第三届职工艺术节"节目单设计

　　节目单设计喜庆，以红色为主色调，绚丽多变的花纹突出主题，内页主要采用众多演员演出的盛况来活跃气氛，充分表达了主题。

设计师：白晨
西安建筑科技大学
研究生

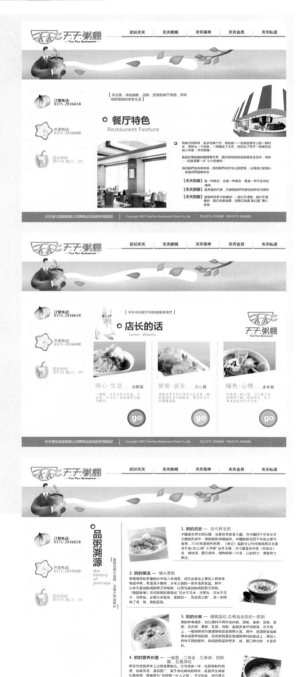

"天天粥棚"的网页设计

　　网页的版面构成是结合动画设计、音频效果等的综合表现形式，网页页面的版式设计，同样应该遵循版面的造型元素及形式原理。

　　这组"天天粥棚"的网页设计中，整个版面层次丰富生动而又主次分明。网页页面以内容为主，在不同的页面里更具特色，使整个网页结构完整、风格统一而又主次分明。

　　在形式上和色彩上，从每幅图的造型和色彩到每个页面的格式，这组网页设计都给人统一的感觉。鲜明的色彩运用符合饮食类网站的个性特点，使得版面活泼、生动。

　　网格的运用也充分地体现在这组网站的页面设计中。网格的布局设计，使得整个版面信息分割清晰、布局明确严谨。

第二节　著名设计师作品

著名设计大师，他们的设计作品具有国际化的设计理念，创意独特，包含丰富的设计内涵、准确的艺术表达和市场定位，他们关注时尚，关注市场变化趋势，关注现在和未来。

本书展示的有著名设计师韩家英及韩家英设计有限公司的作品和著名设计师夏一波及深圳夏一波广告设计有限公司的作品。他们在不同的企业领域都取得了显赫的业绩，为社会的发展作出了贡献。

欣赏和学习大师的优秀版式编排设计作品，可以充分地开阔视野、拓展思维。借鉴或模仿大师的作品，体会作品中的细节以及独特的表现方式，经过积累和沉淀的过程，在自己的作品中加以运用。

基本方法为，整体欣赏、体会细节、借鉴创意、学为我用。

整体欣赏，主要是了解相关作品的背景情况，要知道作品的题材和服务于何种行业。先把握设计定位，才能对大师作品形成整体观感。

通过对细节的体会，将版面元素分离出来，感受设计中的文字、图和色彩，充分获取信息。再研究作品的形式美、视觉流程以及各元素的构成手法与表现技巧，从中领悟优秀的版式设计方法。

借鉴是一种方法，大师的设计代表了前沿的设计思想，借鉴大师创意的过程要始终带着疑问去欣赏作品，发现问题并找到解决问题的途径。

版式编排设计重在版面布局，美在元素的细节，欣赏大师作品，用得好可以取其精华。成功的借鉴并设计出自己的作品，在于自身有没有去思考，是盲目的照搬还是体会到作品所表达的本质。

韩家英
深圳平面设计协会主席
英国D&AD会员
纽约ADC会员
作品曾入选第三届墨西哥国际海报双年展、
第六届法国肖蒙海报艺术节、
第五届日本富士山国际海报三年展、
赫尔辛基海报双年展即第七届芬兰国际海报双年展、
第十六届华沙国际海报双年展、
第十八届（捷克）布尔诺国际平面设计双年展、
第十二届法国萧蒙海报艺术节等国际展览

"平面设计在中国"海报

燕南路88号海报

"桃花源"报纸广告

"万科第五园"报纸广告

滨海深圳画册

《朱树豪星》书籍设计

《印象东莞》书籍设计

物质是城市的基础
文化是城市的灵魂
经济是城市的实力
文化是城市的魅力
经济建设创造城市的现实财富
文化建设最终决定
城市的历史地位

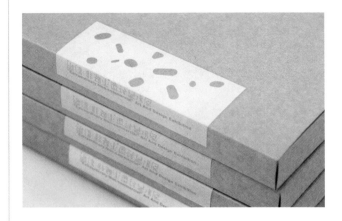

《深圳记忆》画册

"出位"非商业艺术展画册

"东方庭院"地产广告

《达达》电影海报

"PHOENIX 3"凤凰城3期地产广告

深圳第二十六届大学生夏季运动会圆牌展

深圳第二十六届大学生夏季运动会圆牌展

万科"燕南园"挂旗　　　　　　"凤凰城"3期挂旗

夏一鸿
深圳平面设计协会会员
华人平面设计大赛执行委员
深圳市文化艺术专家工作委员会专家
毕业于西安美术学院
1986—1991年曾任西安杨森设计总监
1991—1994年任深圳万科文化传播公司设计师、创意总监、设计部经理
1994年创办夏一波广告设计有限公司

盛世维康公司画册

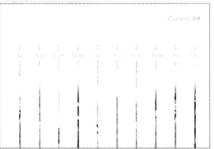

华枫国际折页

西安杨森制药有限公司宣传册

华侨城会所折页

特尔佳通讯宣传折页

深圳南山区第三届学术年会请柬

陕药总公司宣传画册

UBS SDIC 国投瑞银

您的長期伙伴

Http\\: www.ubssdic.com

国投瑞银宣传折页

一、我们的目标

建立一家在品牌认知、公司规模、投资业绩、产品创新、诚信声誉均达到一流的资产管理公司。

Build a premier fund management company, in terms of brand recognition, market share, investment performance, product innovation and reputation for integrity.

二、我们的股东

1 国家开发投资公司

2 瑞银集团(UBS Ag)

三、公司管理层

五、公司文化

八、投资研究

UBS SDIC
国投瑞银基金管理有限公司

九、旗下基金

Http://www.ubssdic.com

国投瑞银
您的長期伙伴

建立一家在品牌认知、公司规模、投资业绩、产品创新、诚信声誉均达到一流的资产管理公司。

Build a premier fund management company, in terms of brand recognition, market share, investment performance, product innovation and reputation for integrity.

诺安基金海报

特尔佳招贴

海王集团海报

海王集团海报

西安迈科广告灯

西安迈科宣传册

深圳南山区规划展示

英特马大楼外立面

深圳南山旅游周路灯旗

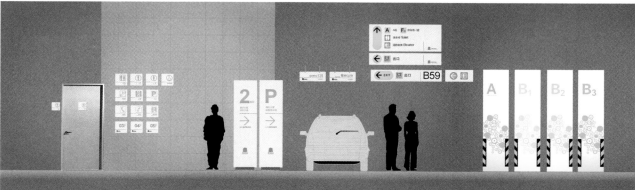

泰然物业导视

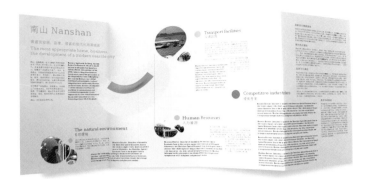

深圳南山区金融投资折页

西安杨森工会成立20周年宣传册

深圳南山购物节路牌设计

丁家宜洗面奶包装

海王集团罐装系列奶粉

长安国际制药公司络铂包装

国药集团肠清茶包装

海王集团海王金樽酒包装

海王集团包装系列

盛世维康包装

主要参考文献/图片来源

● 《设计元素:平面设计样式》，蒂莫西·萨马拉（Timothy Samara)编著，齐际、何清新译,广西美术出版社，2008年9月版。

● 《版式设计原理》，佐佐木刚士编著，中国青年出版社，2007年9月版。

● 《国际平面设计基础教程:GRIDS网格设计》，加文·安布罗斯、保罗·哈里斯编著，刘静译，中国青年出版社，2008年9月版。

● 《编排构成与应用：从三大构成到四维创意》，王文霞编著，上海人民美术出版社，2005年版。

● 《日本最新设计模板——版面设计》，夏井芸华编著，人民美术出版社，2009年5月版。

● 《编排设计教程》，陈青编著，上海人民美术出版社，2009年1月版。

● 《版式设计》，辛艺华编著，华中科技大学出版社，2006年10月版。

● 《版面编辑设计》，毛德宝主编，东南大学出版社，2007年9月版。

● 《进阶理解版式设计》，eye4u视觉设计工作室，中国青年出版社，2009年6月版。

● 《编排设计》，阮雯编著，天津大学出版社，2010年3月版。

● 《编排设计基础》，周峰、涂驰编著，武汉大学出版社，2008年1月版。

● 《版式设计》，高进、黄志明编著，合肥工业大学出版社，2009年7月版。

● 《版式设计DIY》，徐艳金编著，上海人民出版社，2009年6月版。

● 《版式设计与表现》，张洁玉、张大鲁编著，中国纺织出版社，2009年7月版。

● 深圳韩家英设计有限公司

● 深圳市夏一波广告设计有限公司

● 全国优秀新锐设计师作品

● 西安建筑科技大学艺术学院视觉传达专业04至07级的本科学生作业

● 《艺术与设计》杂志

● 《包装&设计》杂志

● 《milk新潮流》杂志

● 《优家画报》杂志

● 《时尚芭莎》杂志

● 《发现之旅》丛书，译文出版社，2004年7月版

● 《财富》杂志

● 百度 http://www.baidu.com

● 素材中国 http://www.sccnn.com/

● 站酷 http://www.zcool.com.cn/

● 丁丁家园 http://sc.citk.net/

后 记

　　本书作者具有近10年版式编排设计课程教学的实践经验，每年都会遇到一些新的问题，不断地进行教学方案的改进，同时结合历年出版的具有新内容的同类教材、杂志和广告，加以研究和分析，总结出了一套切实可行的教学方法，想把这些来之不易的教学经验和同仁们共享。打算编写《版式编排设计》教材有很长时间了，但着手写经历了两年的时间。在这期间，又收集了大量优秀设计作品和国内著名设计大师的作品，整理了许多往年的学生作业，内容在不断地更新完善。

　　本教材与其他教材不同的是对实训方法的构建，切入版式编排设计与研究，同时案例教学的形式具有较好的可操作性。多年的实践，也是实训方法的科学性、系统性和适用性的论证过程。通过课程教学中的"版式编排设计基本要素""版式编排设计中的文字""版式编排设计中的图""版式编排设计中的图文编排"和"版式编排设计欣赏"的论述和讲解，让学生很快能够掌握其中的设计方法和思辨能力。

　　在这里特别感谢著名设计师韩家英和夏一波老同学，他们在百忙中把自己多年的设计作品精选后刻成光盘寄来，表达了对我教学的支持，许多作品都是第一次在书中展示。感谢西安建筑科技大学在读硕士研究生白晨、朱延辉、范群、杨金丽、龚学佳、张可欣同学，他们付出了大量的劳动；感谢西安建筑科技大学视觉传达04至07级的本科学生，他们认真地完成了每一次版式编排设计课程的作业，为广大初学者提供了真实的课程记录。在书中，我们引用了文献作者的部分观点和一些优秀图书的版式设计或前沿网站的图片，在这里表示感谢，如《艺术与设计》《包装&设计》《新潮流》《时尚》《优家画报》及"素材中国网""站酷网""百度网"等，同时也使用了一些印刷宣传品。由于本书图片使用较多，为了教学的目的，均出于对案例的讲解和举例论证，由于无法与作者本人联系，没有署到的作者、贵刊、贵网站的名，我们表示深深的歉意，敬请谅解。

　　由于本教材关键部分具有探索实践的内容，书中难免有不足之处，敬请专家、同行和读者批评赐教，以便于再版时进行完善和改进。

樊海燕

2013年3月于西安

图书在版编目（CIP）数据

版式编排设计/樊海燕，王园园，郑凡编著.—西安：
西北大学出版社，2013.3

ISBN 978-7-5604-3187-1

Ⅰ.①版… Ⅱ.①樊… ②王… ③郑… Ⅲ.①版式—
设计—高等学校—教材 Ⅳ.①TS881

中国版本图书馆CIP数据核字（2013）第059044号

版式编排设计

樊海燕　王园园　郑凡　编著

西北大学出版社出版发行

（西北大学内　邮编：710069　电话：88303313　88302590）

http://press.nwu.edu.cn　E-mail:xdpress@nwu.edu.cn

新华书店经销　　陕西天之缘真彩印刷有限公司印刷

开本：889毫米×1194毫米　1/16　印张：9.5

2013年4月第1版　　2013年4月第1次印刷

字数：180千字

ISBN 978-7-5604-3187-1　　定价：52.00元